Adobe XD

功能解析与应用

培训教材版

黄方闻 编著

人民邮电出版社

北 京

图书在版编目（CIP）数据

Adobe XD功能解析与应用：培训教材版 / 黄方闻编著. -- 北京：人民邮电出版社，2021.4（2023.8重印）
ISBN 978-7-115-53126-1

Ⅰ. ①A… Ⅱ. ①黄… Ⅲ. ①网页制作工具－教材
Ⅳ. ①TP393.092.2

中国版本图书馆CIP数据核字(2020)第066482号

内 容 提 要

本书分为三大部分：第 1 部分是 Adobe XD 从零到精通，这部分对软件的各种操作方法和技巧进行了全面的讲解，为设计打下基础；第 2 部分是 Adobe XD 设计实例，这部分讲解软件在具体设计实例中的应用，在强化软件操作的同时使读者了解实际的设计工作；第 3 部分讲解 Adobe XD 和其他软件的衔接，这部分知识是对 Adobe XD 的延伸和拓展。

本书附带学习资源，内容包括书中知识讲解用到的源文件和在线教学视频，读者可通过在线方式获取这些资源，具体获取方法请参看本书前言。

本书适合 UI 和 UE 设计师阅读使用，同时也可以作为产品经理和程序员的参考用书。

◆ 编　著　黄方闻
责任编辑　张丹丹
责任印制　马振武
◆ 人民邮电出版社出版发行　　北京市丰台区成寿寺路 11 号
邮编　100164　电子邮件　315@ptpress.com.cn
网址　https://www.ptpress.com.cn
北京九天鸿程印刷有限责任公司印刷
◆ 开本：787×1092　1/16
印张：12　　　　　　　　　　2021 年 4 月第 1 版
字数：343 千字　　　　　　　2023 年 8 月北京第 9 次印刷

定价：49.90 元

读者服务热线：(010)81055410　印装质量热线：(010)81055316
反盗版热线：(010)81055315
广告经营许可证：京东市监广登字 20170147 号

前　言

2016 年 3 月 14 日，Adobe 公司发布了 Adobe XD 的预览版，当时还叫 Experience Design CC，我第一时间下载并体验了这款 Adobe 非常重视的软件，并第一时间发布了相关的基础教程，我的编辑佘战文先生也第一时间联系我说希望能出版市面上第一本 Adobe XD 教程。

在 Adobe XD 发布后的日子里，我持续跟进该软件的动态，一直到我觉得这款软件的功能已经基本成熟并且足够稳定的时候才开始编写本书。当读者拿到本书时，软件可能已经有了多个版本的更新，但这也是尽我所能在时效和有用上做的最好的平衡。

从一开始，我就把这本书定义为一本纯软件书。2016 年，我出版了一本书名为《动静之美——Sketch 移动 UI 与交互动效设计详解》的书，书中介绍了大量 UI 设计的基础知识，并非单纯的软件教程，因为当时我希望读者读完那本书，不仅可以掌握 Sketch 软件，更能入门 UI 设计。而这本 Adobe XD 的教程书，我将其定义为纯软件书，所以极少讲到设计思维。但是对于这本书，希望读者读完后，除了掌握 Adobe XD 这款软件外，更多的是了解如何自学一款软件。

我们生活在一个很好的时代，每天都有无数的新鲜事物出现。很多年以前，当我们谈论 UI 设计时，想到的只有 Photoshop；当我们谈论动效设计软件时，想到的只有 After Effects。而现在，我们能想到的软件有很多，可能做 UI 设计首先想到的不再是 Photoshop，而是 Sketch，当然，还有 Adobe XD。

我一直倡导的是，设计师们需要用一种开放的心态去迎接新鲜的事物。在我的计算机和手机里，经常会出现一些全新的设计工具，但我始终认为工具仅仅只是工具，从来不会认为某款软件无所不能，代表了未来的一切。我希望读者在了解并使用一款新软件的时候，理由不是大家都在用，也不是我的领导要求我用，而应该是，我非常清楚我使用的这款软件的优势与不足，我能将这款软件和其他软件配合使用，进一步提高我的工作效率。

这就是为什么，在我的教程里，会用一定的篇幅去讲解 Adobe XD 与第三方软件的衔接。互联网发展的速度越来越快，作为设计师，其实我们也应该去思考如何提升自己的设计效率，如何提升团队的沟通效率。

新时代的设计工具有个显著的特点，那就是更新非常频繁。一方面是竞争越来越激烈，另一方面是设计趋势也在不断地发生变化。我无法预见，这本书出版一年、两年后，Adobe XD 会发生哪些变化，但我希望所有的读者都能跟着这本书的写作思路，去培养自己快速地掌握一款新软件的技能。

其实所有的设计软件都是相似的，我推荐给读者的黄金学习路线永远是：

1. 了解这款软件的优势与不足；

2. 快速了解这款软件的界面布局以及各工具的功能和用法；

3. 去官网查看文档，找到案例进行实操。

通过上面的方法，我们几乎能掌握所有我们愿意掌握的软件，并非所有的软件适合所有的人，所以我们要有目的地学习，并找到最适合自己的设计软件。

两年前，我们在谈论 UI 设计的时候，强调的是设计规范，而现在我们再次谈论 UI 设计时，设计规范已经成为最低的参考线。我一直觉得 UI 设计已经回归了设计的本质，我们遵循的不再仅仅是设计规范，而是用我们的专业知识来帮助用户更快、更高效地找到他所关注的信息，达成其目标。所以，我们需要跳出某个框架，去看整个世界。UI 如此，交互动效更是如此。

很多刚入行的设计师朋友在评价某个设计作品时，会把美丑当成全部，可是当我们把作品放到实际工作中来看，会发现好的设计是商业与艺术的完美结合。所以在当今时代，或许所有的道路都通向正确，而大家所需要做的，是找到能让自己走得更快的那条。

本书试图只讲软件，让教程变得更为纯粹，而当读者完全掌握了 Adobe XD 后，所有能创造的精彩，要靠读者自己。

本书附带学习资源，内容包括书中知识讲解用到的源文件，以及 PPT 教学课件和在线教学视频。这些学习资源文件可在线获取，扫描"资源获取"二维码，关注"数艺设"的微信公众号，即可得到资源文件获取方式。如需资源获取技术支持，请致函 szys@ptpress.com.cn。

资源获取

黄方闻

2020 年 10 月

目　　录

第 1 部分　Adobe XD 从零到精通

第 1 章　Adobe XD 基础入门 ………………… 1

1.1　Adobe XD 简介 ………………………… 2

1.2　Adobe XD 的安装 ……………………… 6

　　1.2.1　macOS 版 Adobe XD 的安装 ……… 6

　　1.2.2　Windows 版 Adobe XD 的安装 …… 8

1.3　Adobe XD 的欢迎界面 ………………… 9

1.4　Adobe XD 的常见问题 ……………… 14

　　1.4.1　Adobe XD 是否是完全免费的 …… 14

　　1.4.2　Adobe XD 对系统版本的要求 …… 14

　　1.4.3　Adobe XD 是否可以离线安装 …… 15

　　1.4.4　Adobe XD 的卸载 ………………… 15

　　1.4.5　能否使用 Windows 10 的触控
　　　　　功能操作 Adobe XD …………… 16

　　1.4.6　Adobe XD 官方中文版 ………… 16

第 2 章　Adobe XD 的设计模式详解 ……… 17

2.1　Adobe XD 的界面布局 ……………… 18

　　2.1.1　macOS 版 Adobe XD 的
　　　　　界面布局 ……………………… 18

　　2.1.2　Windows 版 Adobe XD 的
　　　　　界面布局 ……………………… 18

2.2　Adobe XD 的工具及其用法 ………… 20

　　2.2.1　选择工具 …………………………… 20

　　2.2.2　矩形工具 …………………………… 22

　　2.2.3　椭圆工具 …………………………… 31

　　2.2.4　直线工具 …………………………… 31

　　2.2.5　钢笔工具 …………………………… 31

　　2.2.6　文本工具 …………………………… 35

　　2.2.7　画板工具 …………………………… 37

　　2.2.8　缩放工具 …………………………… 39

2.3　Adobe XD 的资源面板和图层面板 …… 40

　　2.3.1　资源面板 …………………………… 40

　　2.3.2　图层面板 …………………………… 45

2.4　重复网格 ……………………………… 47

　　2.4.1　创建重复网格 ……………………… 48

　　2.4.2　为重复网格添加内容 …………… 50

　　2.4.3　批量修改样式 ……………………… 54

2.5　Adobe XD 其他补充知识 …………… 55

　　2.5.1　蒙版遮罩 …………………………… 55

　　2.5.2　将文本转换为路径 ……………… 57

第 3 章　Adobe XD 的原型模式详解 ……… 59

3.1　Adobe XD 的原型模式 ……………… 60

　　3.1.1　进入 Adobe XD 的原型模式 …… 60

　　3.1.2　设置主界面 ………………………… 60

　　3.1.3　设置滚动页面 ……………………… 61

　　3.1.4　设置固定位置 ……………………… 62

　　3.1.5　设置页面跳转 ……………………… 62

　　3.1.6　设置跳转效果 ……………………… 64

　　3.1.7　录制交互预览效果 ……………… 67

3.2　在移动设备上预览设计和原型 …… 68

　　3.2.1　移动版 Adobe XD 的 App 安装 … 68

　　3.2.2　Adobe XD 文档 …………………… 68

　　3.2.3　实时预览 …………………………… 69

　　3.2.4　设置 ………………………………… 70

1

第 4 章　Adobe XD 的导出和共享 ············ 71

4.1　Adobe XD 的导出 ················· 72

4.1.1　导出画板和图层 ············ 72

4.1.2　导出选项 ······················ 74

4.2　Adobe XD 的共享 ················· 75

4.2.1　共享原型 ······················ 76

4.2.2　共享设计规范 ··············· 78

4.2.3　管理发布的链接 ············ 79

第 2 部分　Adobe XD 设计实例

第 5 章　用 Adobe XD 设计图标 ············· 81

5.1　线框图标设计 ······················· 82

5.1.1　搜索图标设计 ··············· 82

5.1.2　灯泡图标设计 ··············· 85

5.1.3　扳手图标设计 ··············· 86

5.2　扁平图标设计 ······················· 88

5.2.1　图片文件图标设计 ········· 88

5.2.2　实验器材图标设计 ········· 90

5.2.3　花朵图标设计 ··············· 92

第 6 章　用 Adobe XD 设计 UI 界面 ······· 97

6.1　UI 设计前的准备 ··················· 98

6.2　登录界面的设计 ···················· 98

6.2.1　轻量化登录界面设计 ······ 98

6.2.2　带键盘交互的登录界面
　　　设计 ························· 106

6.2.3　传统的登录界面设计 ····· 111

6.3　主界面的设计 ····················· 117

6.3.1　App store 的 Today 界面
　　　设计 ························· 118

6.3.2　旅游 App 的首页设计 ···· 122

6.4　内容界面的设计 ·················· 130

App store 的内容页设计 ········· 130

6.5　个人中心界面的设计 ··········· 132

App store 的个人中心界面设计 ·· 132

第 3 部分　Adobe XD 和第三方应用的衔接

第 7 章　将外部资源导入 Adobe XD ······· 137

7.1　PSD 文件的导入 ·················· 138

7.1.1　在 Photoshop 中复制内容 ······· 138

7.1.2　用 Adobe XD 打开 PSD 文件 ··· 140

7.2　AI 文件的导入 ····················· 143

7.3　Sketch 文件的导入 ·············· 144

7.3.1　在 Sketch 中复制内容 ······· 144

7.3.2　使用 Adobe XD 打开
　　　Sketch 文件 ·············· 146

7.4　其他资源的导入 ·················· 149

第 8 章　Adobe XD 与蓝湖的衔接 ········· 151

8.1　快速上手蓝湖 ····················· 152

8.1.1　认识蓝湖 ···················· 152

8.1.2　使用蓝湖前的准备工作 ··· 153

8.1.3　上传画板到蓝湖 ··········· 154

8.1.4　蓝湖的基础使用 ··········· 156

8.1.5　切图 ·························· 159

8.2　蓝湖的其他实用功能 ··········· 160

8.2.1　团队管理 ···················· 160

8.2.2　交互原型 ···················· 160

8.2.3　在移动设备上预览 ········· 161

8.2.4　项目文档 ···················· 161

第 9 章　用 ProtoPie 与 Adobe XD 衔接
　　　制作交互动效 ··············· 163

9.1　ProtoPie 的基础入门 ············ 164

9.1.1　了解 ProtoPie ·············· 164

9.1.2　ProtoPie 的官网 ··········· 166

9.1.3　ProtoPie 的安装与购买 ··· 168

9.1.4 ProtoPie 的界面 ·····················170

9.1.5 ProtoPie 的工作逻辑 ···············173

9.1.6 ProtoPie 的预览和视频录制 ······176

9.1.7 移动设备预览原型 ···············176

9.1.8 原型上传和云端共享 ············177

9.2 ProtoPie 和 Adobe XD 的衔接 ········178

9.3 几种常见交互动效的制作 ···········179

9.3.1 滑屏交互动效制作 ················179

9.3.2 翻页交互动效制作 ················180

9.3.3 文字输入交互动效制作 ········182

第 1 部分

Adobe XD 从零到精通

Xd 第 1 章　Adobe XD 基础入门

Xd 第 2 章　Adobe XD 的设计模式详解

Xd 第 3 章　Adobe XD 的原型模式详解

Xd 第 4 章　Adobe XD 的导出和共享

1.1 Adobe XD 简介

Adobe XD 是 Adobe 公司推出的一款针对 UI 和 UX 设计的现代化、轻量设计软件，功能非常全面。

Adobe XD 的名字经过了几次变更，从最早的 Adobe Project Comet，到 Adobe Experience Design，最终，正式版确定名称为 Adobe XD CC。从名字上可以看出，Adobe XD 已经成为 Adobe CC 套件的一员。

Adobe XD 是 Adobe 在"后 PS 时代"推出的一款专业的 UI/UX 设计软件，该软件具有以下几个特点。

1. 为 UI/UX 设计而生

从 Adobe XD 的软件界面可以看到，该软件摒弃了一切与 UI/UX 设计无关的功能。在 Adobe XD 中，有大量可以极大提升 UI/UX 设计工作效率的功能，这些功能在后面的章节中会逐一进行讲解。图 1-1 所示为 Adobe XD 的一个重要功能——重复网格。

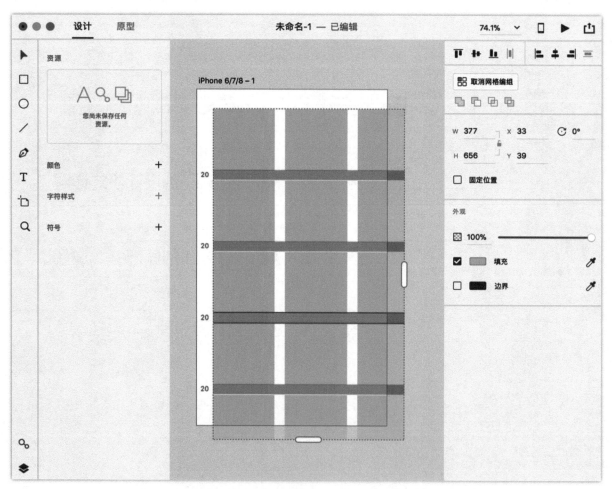

图 1-1

2. 快速创建可交互原型

在 Adobe XD 中完成 UI 界面的设计工作后，可以直接在软件中把这些界面快速链接起来，生成一个可交互的原型文档，并且能简单设置一些跳转效果，如图 1-2 所示。

图 1-2

3. 更"现代化"的分享机制

在 Adobe XD 中，除了能一键导出 2×、3× 等设计稿外，还采用了一种更"现代化"的方式方便设计师们进行团队协作，如图 1-3 所示。因为 Adobe XD 制作的是可交互原型，所以纯静态图片已经不能满足团队成员之间的沟通了，这时，Web 实际上是一种更为便捷的方式。使用 Adobe XD 设计完后，可以一键生成一个链接，团队成员可以通过该链接查看和评论设计文档，并且可以直接进行界面之间的交互跳转体验。

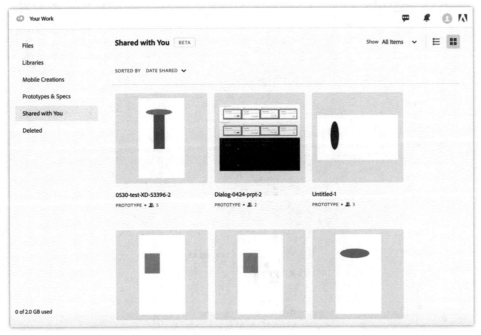

图 1-3

4. 在移动设备上实时预览

移动 UI 和 UX 都是在 Mac 或者 PC 桌面端进行设计，但实际上却是在移动设备上使用，很多情况下，在桌面端看着不错的设计，可能在移动端上并没有达到很好的效果，所以能实时预览移动设备上的效果是非常必要的。Adobe XD 提供了官方的 App，支持设计师在设计的时候实时预览设计效果，包括交互原型的设计效果，同时支持 iOS 和 Android 系统，如图 1-4 所示。

图 1-4

5. 多应用的无缝衔接

Adobe XD 提供了完整的设计功能，同时也可以非常方便地和其他设计软件进行无缝衔接。在 Adobe XD 中，设计师可以直接导入 PSD 和 Sketch 的源文件，同时，越来越多的第三方应用开始集成到或者支持 Adobe XD，如 Dropbox、Zeplin、Avocode、Sympli、ProtoPie 和 Kite Compositor 等。这样可以让设计师最大化利用这些软件，从而制作出一个令人满意的设计文档。图 1-5 所示为直接用 Adobe XD 打开一个 Sketch 文档。

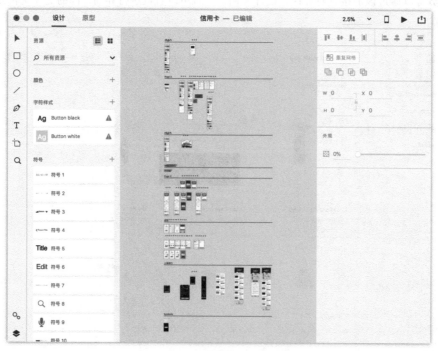

图 1-5

6. 双系统支持

Sketch 只支持 Mac 系统，这让很多 Windows 用户非常无奈。但是，Adobe XD 针对 macOS 和 Windows 进行了原生应用的研发，无论是 Mac 用户还是 PC 用户，都可以无差别地使用 Adobe XD，并且不同平台之间的文档都是通用的，如图 1-6 所示。

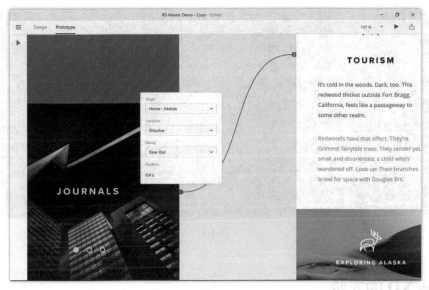

图 1-6

7. 一款与时俱进的软件

Adobe XD 最早在 2015 年出现，在 2016 年发布了 Beta 版，可以说是一款非常"年轻"的设计软件。Adobe XD 从 Beta 版发布到现在，一直保持每月发布一个新版本的迭代频率，在 Adobe XD 的官方博客上，可以看到对每个新版本的变更介绍，如图 1-7 所示。Adobe XD 的界面和功能基本上已经稳定下来，尽管 Adobe 保持着每月一更新的频率，但相信本书的内容依然在相当长的时间内适用于 Adobe XD 的最新版本。

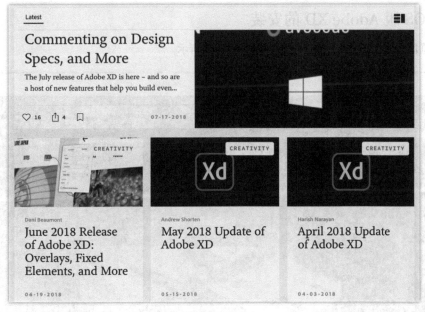

图 1-7

8. 免费

从 Adobe XD 发布开始，Adobe 公司就对其寄予厚望，并且对外宣称 Adobe XD 为其公司的旗舰产品，而现在，更令人兴奋的是，Adobe XD 已经免费了，如图 1-8 所示。免费版的 Adobe XD 具备完整的产品功能，并且没有任何时效的限制。对于这样一款功能强大却免费的软件，你有什么理由不来了解一下呢？

图 1-8

1.2　Adobe XD 的安装

Adobe XD 的安装非常方便，但 Adobe 公司并未提供该软件单独的安装包，要安装该软件，需要通过 Adobe Creative Cloud 来进行。因为 Adobe XD 已经免费了，所以任何人都可以从 Adobe 官网很方便地进行下载。

Adobe XD 提供 Mac 和 Windows 双系统的原生软件，二者在安装上非常相似，仅在系统层面有一些区别。首先来看 Adobe XD 在 Mac 系统上的安装方法。

1.2.1　macOS 版 Adobe XD 的安装

01 通过浏览器访问 Adobe XD 的官方网站，如图 1-9 所示。

图 1-9

02 直接单击"免费获取 XD"按钮，系统会自动下载一个名为 XD_Installer.dmg 的文件，如图 1-10 所示。

图 1-10

03 打开该文件，如图 1-11 所示，然后双击 XD Installer 图标进行安装。

图 1-11

04 该文件会自动安装 Adobe Creative Cloud 应用并运行，在系统菜单栏的右上方可以看到该应用，如图 1-12 所示。接下来需要使用 Adobe ID 进行登录。

05 如果有 Adobe ID，可以直接输入账号和密码进行登录，如图 1-13 所示。如果没有，需要单击下方的"获取 Adobe ID"链接进行注册，填写完需要填写的内容，然后单击"注册"按钮，即可完成注册。

06 完成注册登录后，可以在 Adobe Creative Cloud 的界面中找到 Apps 板块，然后在软件列表中找到 Adobe XD，如图 1-14 所示。因为该软件是免费的，所以直接单击右边的"安装"按钮，即可自动下载并完成 Adobe XD 的安装。

图 1-12	图 1-13	图 1-14

1.2.2　Windows 版 Adobe XD 的安装

　　Windows 版 Adobe XD 的安装方法和 macOS 版非常相似，也是通过访问 Adobe XD 的官方网站进行软件的下载安装。

　　该网站会自动判断用户访问时所使用的系统，如果是 Windows 系统访问该页面，单击"免费获取 XD"按钮后，如图 1-15 所示。

图 1-15

　　双击打开下载的文件进行安装后，如图 1-16 所示。

　　后续的安装方法和 macOS 版完全相同，在此不做重复介绍。在 Adobe Creative Cloud 的 Apps 列表中，当

Adobe XD 旁边的按钮变成"打开"后，即表示安装完成，如图 1-17 所示。如果后续 Adobe XD 有更新，则该按钮会变成"更新"，Adobe XD 基本上保持每个月一次更新的迭代速度，建议读者始终将 Adobe XD 保持为最新版本。

图 1-16   图 1-17

1.3　Adobe XD 的欢迎界面

完成 Adobe XD 的安装后，可以在应用程序中找到 Adobe XD 或者直接在 Adobe Creative Cloud 中打开 Adobe XD。打开 Adobe XD 后，首先看到的是 Adobe XD 的欢迎界面，并且顶部的菜单栏变成 Adobe XD 的菜单栏，如图 1-18 所示。

图 1-18

下面对该界面的主要内容做一个简单的介绍。需要说明的是，因为 Adobe XD 的 macOS 版本和 Windows 版本几乎一致，所以本书后续的所有内容均以 macOS 版本为例进行讲解。

顶部的菜单栏，在后面对 Adobe XD 进行详细讲解的时候会涉及，在这里不进行介绍，读者只需清楚顶部的菜单栏发生了变化即可。

欢迎界面的左上部如图 1-19 所示。

图 1-19

图 1-19 中的"设计。构建原型。共享。"这几个字，就已经说明了 Adobe XD 的特性——将 UI 设计、UX 原型设计和协作共享功能合为一体，在本书的后续内容中，也将按照这三部分内容进行详细的讲述。

下面是 Adobe XD 预设的画板尺寸，分别是 iPhone 6/7/8 的尺寸（375px×667px）、iPad 的尺寸（768 px×1024px）和 Web 设计的常用尺寸（1920 px×1080px），最后一个是自定义尺寸，其中 W 后面输入的数值代表宽，H 后面输入的数值代表高。

单击前面三个预设尺寸图标下方的标题，可以改变默认预设，如图 1-20 所示。当单击 iPhone 6/7/8 时，可以发现 Adobe XD 同时也内置了 iPhone X、iPhone 6/7/8 Plus、iPhone 5/SE 和 Android 手机的尺寸，设计师可以单击需要的选项创建相应的画板，并且下次打开 Adobe XD 时，欢迎界面中默认的预设也已经变更为上一次所选择的画板尺寸了。

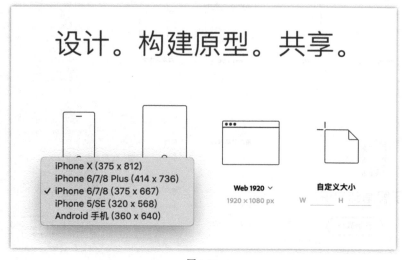

图 1-20

欢迎界面左下方的内容如图 1-21 所示。

图 1-21

这部分的左边是一个快速入门指南，单击"开始教程"按钮会打开一个名为 XD Tutorial 的文档，如图 1-22 所示。读者可以跟着这个文件里面的内容，快速地上手 Adobe XD。若有兴趣，可以自行尝试，这里不做展开。不要害怕去改动该文档，因为改动该文档后，软件会询问是否保存，即便你单击了保存，也只是保存了一份副本，当你再次通过欢迎界面进入教程文档，依然会是原始的状态。

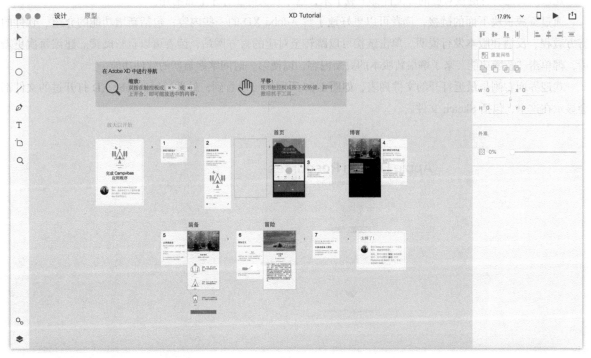

图 1-22

这部分的右边，则是一些非常有用的链接，这些链接被分成了两部分：用户界面套件和资源。其中用户界面套件翻译成英文即常说的 UIkit，单击不同的链接可以跳转至相应的官方网站。例如，当我们单击 Apple iOS 时，则会跳转至苹果的 UIkit 官方网站，在这个网站上，可以下载对应的源文件，如图 1-23 所示。选择 iOS 的 XD 源文件后，单击 Download for Adobe XD 文字链，即可下载 iOS 的 XD 版本的 UIkit。

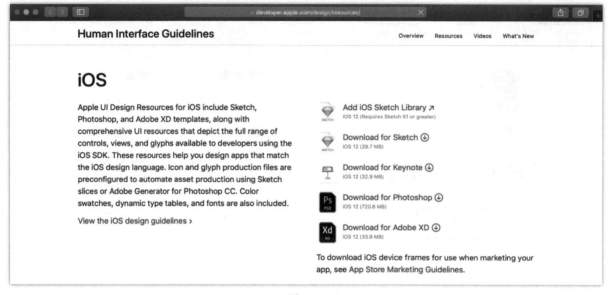

图 1-23

　　注意，下载下来的是一个后缀名为 .dmg 的文件，需要先打开该文件才能看到后缀名为 .xd 的源文件。当第一次打开这个 .dmg 文件时，需要单击 Agree（同意）按钮，然后进入图 1-24 所示的界面，第一个文件夹中的文件就是 XD 的源文件。

　　建议读者把所有链接对应的源文件都下载下来，这个在实际工作中非常有用。

　　通过资源板块下面的链接，读者可以更好地了解 Adobe XD 的一些内容，包括新增功能的介绍、软件的官方教程、反馈和版本发行说明。单击链接可以跳转至对应的官方网站，读者可以自行阅读。建议每次更新后，都单击"新增功能"来了解最新版本的更新内容，以便第一时间掌握最新的软件功能。

　　欢迎界面右侧是最近打开的文件列表，如图 1-25 所示，可以看到，最近通过 Adobe XD 打开过的文件都会显示在这里，包括 Sketch 文件。

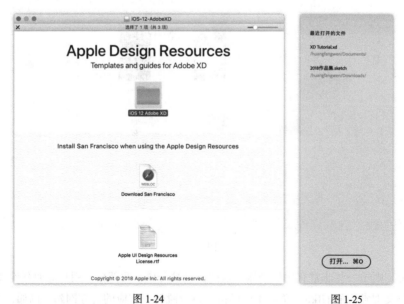

图 1-24　　　　　　　　　　　　　　　　图 1-25

　　如果要清除最近打开的文件列表，在菜单栏中执行"文件 > 最近打开文件 > 清除菜单"命令即可，如图 1-26 所示。

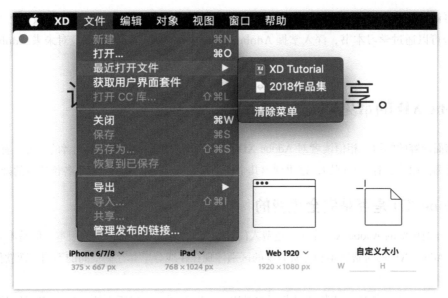

图 1-26

欢迎界面的右侧下方是"打开文件"按钮，单击即可选择文件夹中需要打开的文件。

Adobe XD 与欢迎界面有关的快捷键

功能名	macOS 系统	Windows 系统
退出 Adobe XD	command+Q	Alt+F4
打开文档	command+O	Ctrl+O

以上是 Adobe XD 欢迎界面的全部内容，相信读者对欢迎界面已经非常了解了。需要注意的是，Adobe XD 是一款更新非常频繁的软件，欢迎界面也可能会发生一定的变化。在本书完稿时，Adobe XD 的欢迎界面已经变更为图 1-27 所示的效果，可以看到，只是内容布局发生了变化，相对应的功能并未有大的变动。

图 1-27

所以不再做另外的介绍，读者也不必担心，到本书完稿时，Adobe XD 的功能和版本已经相对比较稳定，读者完全可以通过学习本书，深入掌握 Adobe XD 的全部功能，并轻松地应对未来 Adobe XD 更新的任何版本。

1.4　Adobe XD 的常见问题

通过对前面内容的学习，相信读者对 Adobe XD 已经不再陌生了，但是根据笔者的了解，有关 Adobe XD 的下载、安装和使用等还有一些问题，这里列出几个较为常见的问题，希望能解答各位读者的疑惑。

1.4.1　Adobe XD 是否是完全免费的

Adobe 官方把免费的 Adobe XD 称为"免费入门计划"，这意味着还有付费的版本。但是不同于读者通常理解的付费，Adobe XD 的付费版本和免费版本的区别体现在在线分享和存储空间的不同，而软件本身的功能完全相同。

图 1-28 所示是 Adobe XD 免费版和付费版的对比，可以看到，免费版本的 Adobe XD 只支持一个共享原型和一个共享设计规范，且只有 2GB 的云存储空间，而付费版本的则支持无限量的共享原型和共享设计规范，并且有 100GB 的云存储空间。此外，还有 Typekit 字库的不同。

图 1-28

对于大部分读者来说，免费版已经足够使用了。对于在线共享有着非常大需求的读者，可以考虑升级为付费版。

关于共享原型和共享设计规范的知识，在本书后面讲到有关"共享"的内容时会详细介绍。

1.4.2　Adobe XD 对系统版本的要求

使用浏览器打开 Adobe XD 的官网，单击"免费获取 XD"按钮后，可能会弹出图 1-29 所示的一个提示，告知 Adobe XD 不支持该系统。出现这种情况，很可能是因为操作系统没有达到 Adobe XD 对最低版本操作系统的要求。

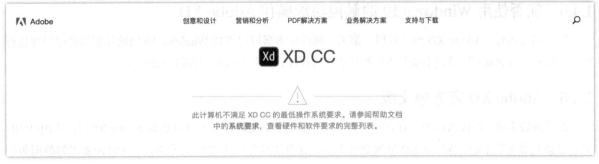

图 1-29

Adobe XD 对操作系统版本和硬件的最低要求如下。

macOS 系统

❖ macOS 10.11 及更高版本

❖ CPU：1.4 GHz

❖ 内存：4 GB

Windows 系统

❖ Windows 10 Creators Update（64 位）– 版本 1703（build 10.0.15063）或更高版本

❖ CPU：2 GHz

❖ 内存：4 GB

❖ 2 GB 可用硬盘空间（用于安装）；安装过程中需要更多可用空间

❖ 显示屏：1280 × 800

❖ 显卡：最低 Direct 3D DDI

❖ 功能集：10。对于 Intel GPU，应使用 2014 年或之后发布的驱动程序。

尤其是使用 Windows 系统的读者需要注意，Adobe XD 只支持 64 位的 Windows 10 系统，若低于该系统，需升级系统后再使用 Adobe XD。

1.4.3 Adobe XD 是否可以离线安装

因为 Adobe 的服务器不在国内，所以部分读者通过 Adobe Creative Cloud 进行安装速度相对较慢，但是 Adobe XD 不同于其他 Adobe 软件，到本书完稿时，并没有任何可以离线安装的方式。

笔者曾花较多时间在互联网上寻找离线安装包等资源，结果发现下载到的所谓的"离线安装包"都是损坏的文件或者是虚假的安装包。笔者建议，即使再慢，也应该从官方正规途径进行下载安装。

1.4.4 Adobe XD 的卸载

如需卸载 Adobe XD，可以通过 Adobe Creative Cloud 进行。在 Adobe Creative Cloud 的 Apps 列表中，找到 Adobe XD，单击"打开"按钮右侧的下拉箭头，即可找到卸载的选项，如图 1-30 所示。

图 1-30

1.4.5　能否使用 Windows 10 的触控功能操作 Adobe XD

到本书完稿时，Adobe XD 的工具栏、菜单、属性检查器可以支持 Windows 10 的触控笔和使用触控进行操作，但是中间的画布区域还不能使用触控功能进行操作，需要通过鼠标和键盘进行操作。

1.4.6　Adobe XD 官方中文版

在最新版本的 Adobe XD 中，官方已经为 XD 提供了中文支持，读者可以更新 Adobe XD 来使用中文版。如果更新到最新版本后，Adobe XD 仍然是英文版，这可能是配置文件产生了冲突，建议读者先卸载旧版的 Adobe XD，然后再用前面所讲的安装方法重新下载和安装。

第 1 部分

Adobe XD 从零到精通

Xd 第 1 章　Adobe XD 基础入门

Xd 第 2 章　Adobe XD 的设计模式详解

Xd 第 3 章　Adobe XD 的原型模式详解

Xd 第 4 章　Adobe XD 的导出和共享

2.1　Adobe XD 的界面布局

在接触到一个全新的软件后，了解软件的界面布局是非常有必要的。上一章已经详细介绍了 Adobe XD 的欢迎界面，下面将通过欢迎界面的画板预设，创建一个 Adobe XD 文档，以此来了解 Adobe XD 软件的界面布局。

2.1.1　macOS 版 Adobe XD 的界面布局

在 macOS 版中，Adobe XD 软件的界面布局如图 2-1 所示，为了便于讲解，特别对每个区域进行了编号。

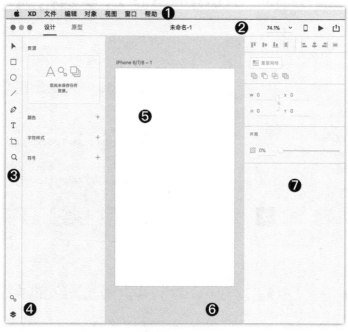

图 2-1

❶菜单栏。这是 Adobe XD 的主菜单操作区域，包括"文件""编辑""对象""视图""窗口"和"帮助"菜单。每个菜单下面都有子菜单，借助菜单命令，设计师可以快速执行一些操作，如设计图的导出等。Adobe XD 中大部分菜单都预设有对应的快捷键。笔者不建议一开始就去认真研究菜单栏的每个命令，这部分内容，在介绍完 Adobe XD 的全部功能后，读者自然而然地就能了解，并清楚每个菜单命令的功能了。

❷标题栏。这部分承载了 Adobe XD 软件层面的操控，从左到右分别是"关闭""最小化""全屏""设计模式""原型模式""文档标题""画布缩放百分比""移动设备预览""预览""分享"。可以通过单击"设计模式"和"原型模式"切换软件状态，本章所讲的内容都是在设计模式下进行的。

❸工具栏。Adobe XD 的工具并不是特别多，但是每个工具都非常有用，使用这些工具就足够进行完整的 UI 设计。

❹资源面板和图层面板。单击这里的两个图标，可以进行资源面板和图层面板的切换，用来管理当前文档中的资源和图层。

❺画板。在 Adobe XD 中，一个文档可以有无数多个画板，同一个文档中画板的尺寸也可以各不相同，绝大多数情况下，都应该在画板上进行设计。

❻画布。在 Adobe XD 中，除了画板排列在画布上，在画布本身直接进行设计的内容也会有一定的用处，在本书后面的内容中读者可以感受到。

❼属性检查器。在这里，可以设置图层的各种属性，如位置、填充、字体等。选择不同的图层，里面的内容会有所不同。

2.1.2　Windows 版 Adobe XD 的界面布局

Windows 版的 Adobe XD 界面如图 2-2 所示，它和 macOS 版的 Adobe XD 界面几乎一致，只有一些细微的区别。

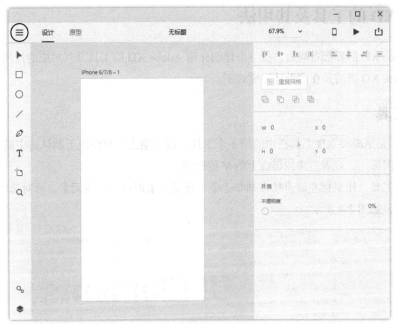

图 2-2

首先，Windows 版的 Adobe XD 界面没有顶部的菜单栏，而是在界面左上角，有一个"菜单"的入口，单击后会弹出菜单，如图 2-3 所示。

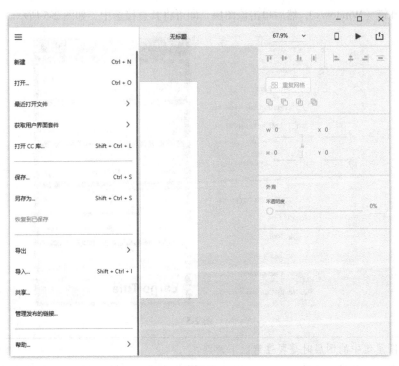

图 2-3

可以看到，在 Windows 版的 Adobe XD 菜单中，主要菜单是直接展开的。另外，在 Windows 版 Adobe XD 的菜单中没有"对象"菜单，不过这并没有任何影响，因为当设计师对画布中的任何元素用鼠标右键进行单击时，会弹出适合当前选中对象的快捷菜单。

除了上述的区别，两个系统中 Adobe XD 的其他界面布局完全相同，在此不做重复说明。

2.2　Adobe XD 的工具及其用法

在了解了 Adobe XD 的界面布局后，接下来详细介绍 Adobe XD 的工具及其对应的使用方法。注意在学习之前，请确保 Adobe XD 当前是在"设计"模式下。

2.2.1　选择工具

"选择"工具 ▸ 是 Adobe XD 工具栏中的第 1 个工具，也是绝大多数情况下默认选中的工具，可以通过单击工具栏中的指针图标 ▸，或者直接按键盘上的 V 键激活。

激活"选择"工具，用鼠标左键直接在画布上单击任意元素即可选中该元素，可对选中的元素进行拖曳、缩放和旋转等操作，如图 2-4 所示。

图 2-4

激活"选择"工具，直接单击图层组，则默认选中该图层组；如果需要单独选中图层组中的某个图层，可以直接双击该图层所在的图层组，然后选择需要的图层。另一种方法是按住键盘上的 command 键（macOS）或者 Ctrl 键（Windows），然后单击该图层，即可将其直接选中，如图 2-5 所示。

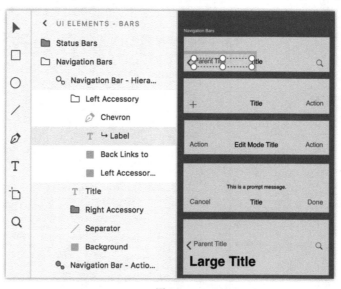

图 2-5

> 提示
>
> 选择图层组中的图层时需要注意以下两点。
>
> 第 1 点：按住键盘上的 command 键（macOS）或者 Ctrl 键（Windows）直接选中单个图层是在画布上进行选择，并不是在图层面板中进行选择。
>
> 第 2 点：无论是采用双击的方法还是采用按住键盘上的 command 键（macOS）或者 Ctrl 键（Windows）的方法进入图层组以后，都可以直接单击鼠标左键选择需要的图层。

如果需要选中多个图层，可以按住键盘上的 Shift 键，然后选择需要选中的多个图层，如图 2-6 所示。

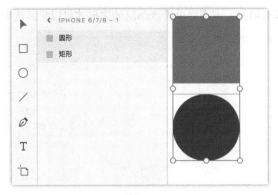

图 2-6

对于相邻的多个图层，可以长按并拖曳鼠标左键选中所选范围内的图层，如图 2-7 所示。

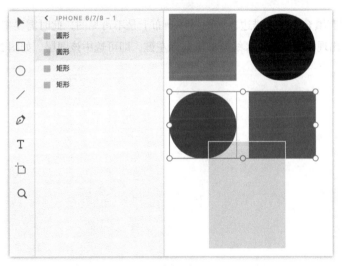

图 2-7

如果需要选中整个画板，可以直接单击画布上面的画板名称，如图 2-8 所示。被选中的画板名称变成蓝色，且画板四周出现选中框。

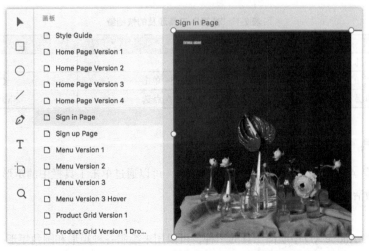

图 2-8

如果一个图层只有描边没有填充，则需要单击该图层的边框才可以将其选中，如图 2-9 所示。

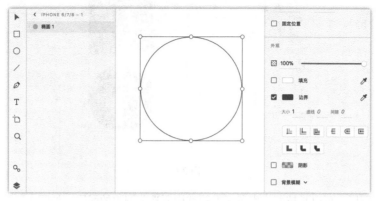

图 2-9

如果一个图层既没有填充又没有描边，该图层在画布上是不可见的，此时需要把鼠标光标移动到该图层所在的位置，当画布上出现该图层的轮廓线时单击鼠标左键，即可选中该图层，如图 2-10 所示。

图 2-10

以上是"选择"工具的基本用法。在实际工作中，更多的是使用"选择"工具对选中的图层进行拖曳、对齐、缩放和旋转等操作，这些操作需要结合实际的图层进行，后面会详细讲解。

表 2-1 "选择"工具涉及的快捷键

功能名	macOS 系统	Windows 系统
选择工具	V	V
选中图层组中的图层	command+ 单击	Ctrl+ 单击
多选图层	shift+ 依次点选	Shift+ 依次点选

2.2.2 矩形工具

"矩形"工具 □ 是 Adobe XD 工具栏中的第 2 个工具，可以通过单击工具栏中的矩形工具图标 □，或者直接按键盘上的 R 键激活。

1. 绘制矩形

"矩形"工具作为 Adobe XD 中绘图工具的一种，可以用来绘制各种矩形和圆角矩形。

激活"矩形"工具后，在画板上拖曳鼠标，即可绘制一个矩形，如图 2-11 所示。因为在 Adobe XD 中默认的填充色为纯白色，所以读者在画板上看到的是一个白色矩形，而非只是一个轮廓。

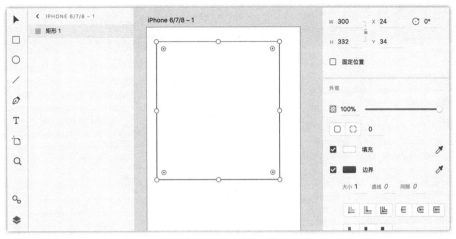

图 2-11

激活"矩形"工具后，按住键盘上的 Shift 键，同时拖曳鼠标即可绘制正方形，如图 2-12 所示。

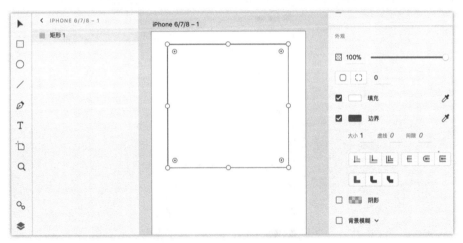

图 2-12

绘制矩形后四个角上分别会出现一个圆点符号◉，可以通过拖曳任意一个角的圆点符号，设置矩形的圆角半径，如图 2-13 所示。

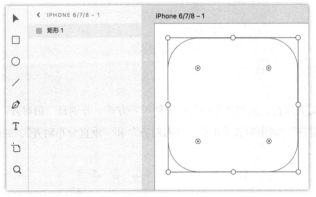

图 2-13

如果只想改变其中一个角的圆角半径，可以按住 option 键（macOS 系统）或者 Alt 键（Windows 系统）并拖曳与该角对应的圆点符号◉，如图 2-14 所示。

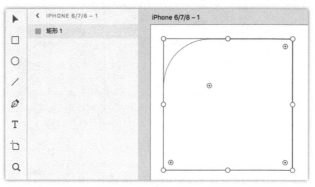

图 2-14

2. 矩形图层的属性检查器

绘制好矩形后，可以通过属性检查器设置其属性，如图 2-15 所示。属性检查器通过横线分成 4 部分。

图 2-15

对齐属性

该部分能设置图层的对齐属性，从左到右一共有 8 种对齐方式，分别是"顶对齐""居中对齐（垂直）""底对齐""水平分布对齐""左对齐""居中对齐（水平）""右对齐"和"垂直分布对齐"，如图 2-16 所示。

图 2-16

注意，图中的"水平分布对齐"和"垂直分布对齐"的图标是未激活状态，这是因为需要选中 3 个或 3 个以上的图层才可以执行分布对齐的操作。如果只选中一个图层，那么该图层对齐的参考为画板本身。

技术点拨——利用对齐属性快速排列图层

无论选中什么类型的图层，对齐属性都一直保持在属性选择器的最上方。很多人会忽略该属性，实际上，灵活运用该属性可以极大地提高设计效率。

A：快速定位图层

当绘制或者导入某个内容后，如果希望该内容置顶、置底或者居中等，无须手动拖曳，只需选中该图层，然后单击相应的对齐属性即可。在图 2-17 中，当导入一个顶部菜单栏到画布任意位置后，选中该标题栏所在的图层组，然后单击属性检查器中的"居中对齐（水平）"，接着单击"顶对齐"即可，这样既快速，又能避免手动拖曳导致可能会出现 1 个像素没有对齐的情况。

B：快速等距分布图层

假设需要创建 6 个矩形，并且需要让这些矩形居中对齐，间距相同，同时要求底部的矩形距离画板底部为 10px，即达到图 2-18 所示的效果。

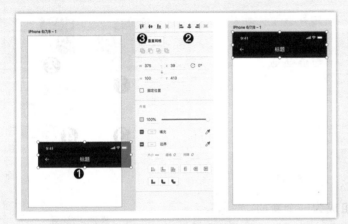

图 2-17

图 2-18

要达到上述效果，无须计算每个矩形之间的距离是多少，只需做以下操作即可，如图 2-19 所示。

第 1 步：在画板上方绘制一个矩形，并将该矩形调整到合适位置。

第 2 步：按 command+D（macOS 系统）或者 Ctrl+D（Windows 系统）快捷键复制 5 个矩形。

第 3 步：选中最上层的矩形，然后单击对齐属性中的"底对齐"，接着按 Shift 键 + 向上键将矩形调整到距离画板底部 10px 的位置。

第 4 步：选中所有的矩形，单击对齐属性中的"垂直分布对齐"按钮。

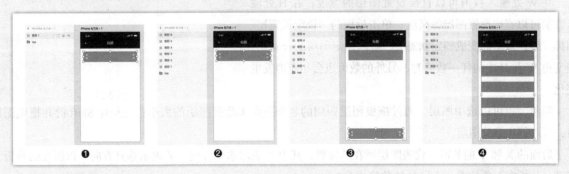

图 2-19

运算属性

属性检查器中的运算属性部分如图 2-20 所示，这部分主要是"重复网格"和布尔运算工具。

图 2-20

"重复网格"是 Adobe XD 中的重要功能，在本书后续章节会有单独的一部分内容来详细介绍该功能，在此不做过多介绍。这里主要介绍 Adobe XD 中的布尔运算工具。

Adobe XD 的布尔运算从左到右分别是"添加"运算、"减去"运算、"交叉"运算和"排除重叠"运算。

选中需要运算的图层，然后选择对应的运算符号即可。在图 2-21 中，选择蓝色和红色的矩形，可以得出 4 种运算后的效果，其中蓝色矩形位于红色矩形下方，经过运算后的图层，都会以下方图层的颜色为基准进行填充。

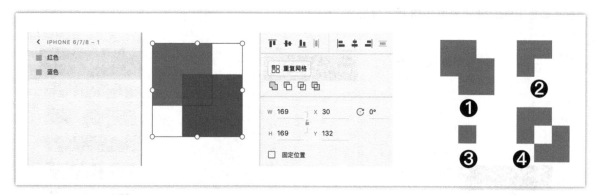

图 2-21

进行了布尔运算的图层，会自动编组成为一个新的图层，但仍可以对原图层进行修改。按住 command 键（macOS 系统）或 Ctrl 键（Windows 系统），并单击需要修改的图层，即可对相应图层进行修改，如图 2-22 所示。

布尔运算在图标设计中的使用频率非常高，在本书后面的图标设计实例中会有更详细的介绍。

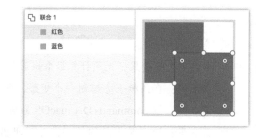

图 2-22

位置属性

位置属性部分如图 2-23 所示。在这部分，可以对图层所在的位置和图层的大小等属性进行设置。

在 W 处输入数值可以直接设置图层的宽度；在 H 处输入数值可以直接设置图层的高度；单击后面的"锁定长宽比"图标 后，该图标变成锁定状态 ，可以锁定图层的长宽比，当变更 W 和 H 中的任一数值时，另外的数值也会相应地发生变化。

图 2-23

当然，也可以选中图层，通过拖曳图层四周的 8 个锚点来改变图层的大小；当按住 Shift 键并拖曳图层时，可以等比缩放图层。

后面的 X 和 Y 的数值，代表图层所在的位置，其中 X 表示水平方向，Y 表示垂直方向。以所在的画板为基准，画板左上角的点，X 和 Y 的数值均为 0。

在"旋转"图标 处输入数值可以改变图层的旋转度数，0 表示不旋转，360 表示顺时针旋转一圈。可以直接在这里输入需要旋转的角度，也可以把鼠标光标移动到选中图层的四个角附近，当光标变为一个曲形的双向箭头时，按住鼠标拖曳即可旋转图层。

> **技术点拨——输入框中的四则运算**
>
> 　　和 Sketch 类似，Adobe XD 中所有可以输入数字的属性均可以直接在里面进行加法、减法、乘法和除法的运算。
>
> 　　例如，需要绘制一个矩形，知道画板的宽度为 375px，希望矩形的宽是画板的一半，但同时还要减去距离画板左边距的 10px，这时可以直接在属性检查器的 W 后面输入"375/2-10"，并按下回车键，即可计算出该矩形具体的宽度，如图 2-24 所示。

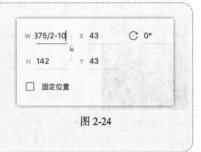

图 2-24

在位置属性的下方，还有一个"固定位置"选项，默认是未勾选状态。Adobe XD 是可以直接做可交互原型的，很多时候需要一些内容悬浮在屏幕上方，不随着内容的滑动而滑动，如 App 中的顶部标题栏和底部的 TAB 栏，若勾选"固定位置"选项，激活了该属性的图层便不会随着内容滑动而滑动。这个属性是与交互原型相关的，后面讲"原型"模块时会详细介绍这部分内容，在此不做展开。

外观属性

在外观属性部分可以设置图层的各种样式，如图 2-25 所示。

最上方的"不透明度"滑块区域 用来设置所选图层的不透明度，可以直接输入数值，也可以拖曳右方的滑块改变图层的不透明度。数值范围为 0%~100%，其中 0% 表示完全透明，100% 表示完全不透明。

圆角半径区域 用于设置矩形的圆角半径，可以单击不同的图标设置需要的圆角半径效果。第 1 个选项表示矩形四个角的圆角半径都相同，在后面直接输入半径值即可；当切换到第 2 个选项时，会出现四个数值，从左到右分别代表矩形的左上角、右上角、右下角、左下角，根据需要输入数值即可，如图 2-26 所示。

图 2-25

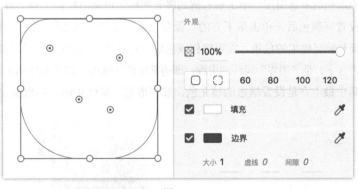

图 2-26

再往下是设置图层的"填充"属性。如果需要取消填充，单击取消勾选 即可。单击右侧的矩形框，可以打开 Adobe XD 的调色面板，如图 2-27 所示。

单击左上方的"纯色"，可以切换填充方式，默认为纯色填充。当切换到"线性渐变"或者"径向渐变"后，调色盘上会出现一条渐变条，对应的图层上方也会出现渐变控制杆，如图2-28所示。

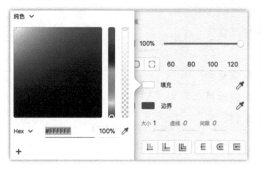

图 2-27

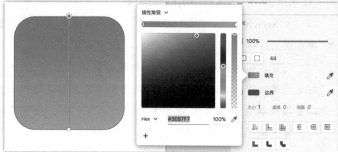

图 2-28

可以在渐变条或者直接在图层的渐变控制杆上单击选中锚点调色，或者单击创建一个新的锚点，如图2-29所示。

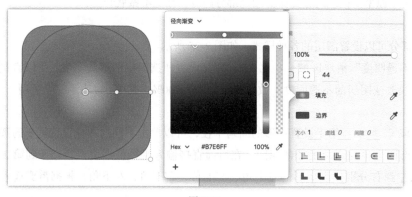

图 2-29

下方从左到右分成3块，其中最左侧的正方形用来调整色相的饱和度和明度，中间的长条用来改变颜色的色相，最右侧的长条用来调整颜色的不透明度。

最下方是对颜色数值的表示，单击左侧的Hex可以切换颜色的模式，如图2-30所示，100%处的数值表示填充颜色的不透明度。单击最右侧的吸管图标即可调出吸色工具，可以从屏幕上拾取颜色。

设置好颜色后，单击最下方的"保存色板"按钮可以把设置好的颜色保存为常用色块，如图2-31所示。如果要删除已添加的色块，需要按住该色块，将其拖曳到调色板之外的地方释放鼠标即可。

再往下，是"边界"属性的设置，即通常所说的描边，如图2-32所示，这一块属于边界属性的设置区域。

其中最上方是设置描边的填充色，和"填充"属性相同，不做重复介绍。往下是3个数值，分别用来设

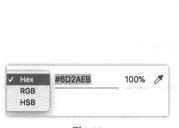

图 2-30

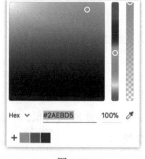

图 2-31

图 2-32

置描边的大小、虚线的长度和间隔，如图 2-33 所示，这里的数值表示描边的宽度为 10px，虚线每一格的长度为 20px，每格之间的距离为 10px。若无须设置虚线，需要把间隔设置为 0，这时无论虚线数值设置为多少，描边都是以实线的方式显示。

描边位置区域 可以设置描边的位置，从左到右分别是"内描边""外描边"和"居中描边"。图 2-34 所示分别是同一个矩形应用 3 种不同描边样式后的效果。实际上 3 个矩形的尺寸完全相同，只是描边位置不同，导致视觉上出现差异。

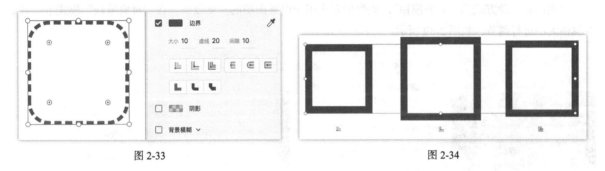

图 2-33　　　　　　　　　　　　　　　　　　图 2-34

描边端点形状和位置区域 可以设置描边的端点位置和形状。图 2-35 所示分别是同一条线段应用 3 种不同端点样式后的效果，注意端点和图形的位置。

描边转角样式区域 用来设置转角的样式。图 2-36 所示分别是同一个矩形应用 3 种不同转角样式后的效果。

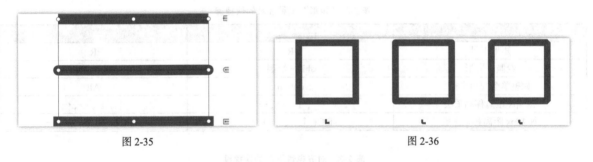

图 2-35　　　　　　　　　　　　　　　　　　图 2-36

> 💡 提示
>
> 设计师可以根据设计需要组合不同的描边样式、端点样式和连接样式。

接下来是图层"阴影"属性的设置，默认情况下，"阴影"属性为无。如果要设置阴影，首先需要选中"阴影"属性，这时下方会出现 X、Y、B 三个数值输入框，其中 X 表示阴影在 x 轴上的距离，数值越大越往右；Y 表示阴影在 y 轴上的距离，数值越大越往下；B 表示阴影的范围。单击色块可以调整阴影的颜色和不透明度，如图 2-37 所示。

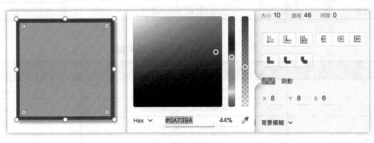

图 2-37

最后是设置图层的模糊属性，Adobe XD 提供了两种模糊方式，足够满足 UI 设计的需求。模糊属性默认为无，如果要使用，需要先勾选前方的小方块进行选中。当模糊方式为"背景模糊"时，如图 2-38 所示，界面中会出现 3 个选项用于调整模糊属性。

第 1 个选项用于调整模糊的大小，数值越大，模糊越大；第 2 个选项用于调整模糊的亮度；第 3 个选项用于调整模糊的不透明度，需要注意的是，这里是模糊的不透明度，而非图层本身的不透明度，具体效果读者可以自行尝试体验。

模糊的另一种方式为"对象模糊"，该模糊方式用于设置图层的模糊效果。在"对象模糊"模式下，只能对模糊大小进行调节，如图 2-39 所示。

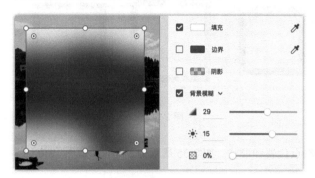

图 2-38

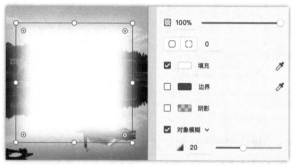

图 2-39

以上是"矩形"工具和矩形图层属性的设置方法，读者可以多进行尝试，以便更加熟练地掌握该工具。

表 2-2　"矩形"工具涉及的快捷键

功能名	macOS 系统	Windows 系统
矩形工具	R	R
绘制正方形	shift+ 绘制	Shift+ 绘制
调整单个圆角半径	option	Alt
每 1px 距离移动图层	↑，↓，→，←	↑，↓，→，←
每 10px 距离移动图层	shift+ ↑，↓，→，←	Shift+ ↑，↓，→，←

表 2-3　对齐属性涉及的快捷键

功能名	macOS 系统	Windows 系统
左对齐	control+command+ ←	Ctrl + Shift + ←
中心（水平）对齐	control+command+C	Shift + C
右对齐	control+command+ →	Ctrl + Shift + →
顶对齐	control+command+ ↑	Ctrl + Shift + ↑
居中（垂直）对齐	control+command+M	Shift + M
底对齐	control+command+ ↓	Ctrl + Shift + ↓
水平分布对齐	control+command+H	Ctrl + Shift +H
垂直分布对齐	control+command+V	Ctrl + Shift +V

表 2-4　布尔运算涉及的快捷键

功能名	macOS 系统	Windows 系统
添加	option+command+U	Ctrl + Alt + U
减去	option+command+S	Ctrl + Alt + S
交叉	option+command+I	Ctrl + Alt + I
排除重叠	option+command+X	Ctrl + Alt + X

2.2.3 椭圆工具

"椭圆"工具 ○ 是 Adobe XD 工具栏中的第 3 个工具,可以通过直接单击工具栏中的椭圆工具图标 ○,或者直接按键盘上的 E 键激活。

"椭圆"工具是 Adobe XD 中的第 2 种绘图工具,用于绘制圆形。

激活"椭圆"工具后,在画布上拖曳鼠标,即可绘制椭圆,如图 2-40 所示。

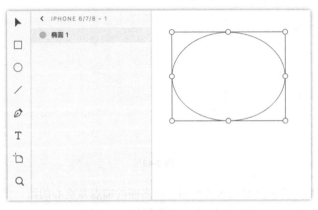

图 2-40

如果在绘制椭圆之前,按住键盘上的 Shift 键,则可以绘制一个圆。

绘制完椭圆后,可以在右侧的属性检查器中设置椭圆的属性,因椭圆图层的属性检查器与矩形图层的属性检查器完全相同,所以在此不作重复说明。

2.2.4 直线工具

"直线"工具 / 是 Adobe XD 工具栏中的第 4 个工具,可以用来绘制直线。要使用该工具,只需单击工具栏上的直线工具图标 /,或者直接按键盘上的 L 键将其激活。

使用"直线"工具绘制直线时,首先在画布上单击鼠标确定直线的起点,然后按住并拖曳鼠标,再在终点处释放鼠标,即可绘制出一条直线,如图 2-41 所示。

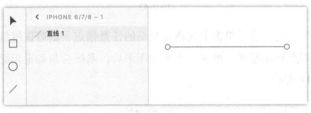

图 2-41

如果在绘制直线的同时按住 Shift 键,则可以以固定的角度绘制直线;如果按住鼠标从左往右拖曳,则在水平方向绘制;如果是上下拖曳,则绘制出一条垂直线;如果是往左上、右上、左下、右下等方向拖曳,则会以 45° 角的方向绘制直线。

绘制完直线后,可以在右侧的属性检查器中设置直线的各种属性。相对于矩形图层和椭圆图层的属性检查器,直线图层的属性检查器没有"填充"属性,其他属性的设置方法完全相同,在此不作重复说明。

2.2.5 钢笔工具

"钢笔"工具 ✎ 是 Adobe XD 工具栏中的第 5 个工具,可以用该工具绘制各种路径。要使用该工具,只需单击工具栏上的钢笔工具图标 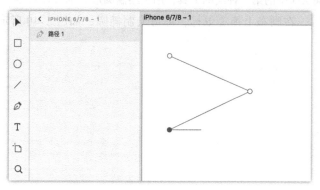，或者直接按键盘上的 P 键将其激活。

　　用"钢笔"工具绘制直线路径的方法非常简单。首先激活"钢笔"工具，在画板上单击鼠标左键，创建一个锚点，然后将光标移动到另一个位置并单击鼠标左键，创建另一个锚点，这时两个锚点之间会自动出现一条直线路径。此时可以再移动光标添加第 3 个锚点，则第 3 个锚点和第 2 个锚点之间也会出现一条直线路径，如图 2-42 所示。

图 2-42

　　从图中可以看出，最后一个锚点总是实心的圆，而之前的锚点是空心的圆。实心的圆表示该锚点是当前选中的锚点，把鼠标光标移动到该锚点并按住鼠标可以修改锚点的位置。

　　在一个路径上可以添加无数个锚点。如果要结束路径的绘制，可以按下键盘上的 Esc 键，此时，鼠标便会被释放，并且默认选中第一个锚点，工具会自动变为"选择"工具，如图 2-43 所示。

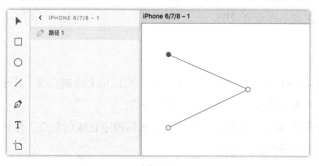

图 2-43

　　如果继续选择"钢笔"工具，然后单击上述路径两端的任意锚点，则可以继续在该路径上绘制线条。如果用"钢笔"工具把两个端点连接起来，形成一个闭合图形后，系统会自动退出路径的绘制，工具也自动变为"选择"工具，如图 2-44 所示。

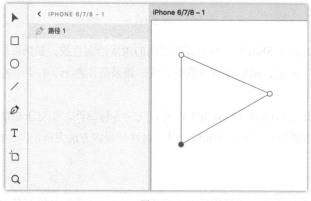

图 2-44

　　选择"选择"工具，用鼠标左键双击路径上的锚点，可以把直线路径变为曲线路径，如图 2-45 所示，路径左右会出现曲柄，拖曳曲柄可以对曲线进行调整。如果再次双击锚点，则会变为直线路径。

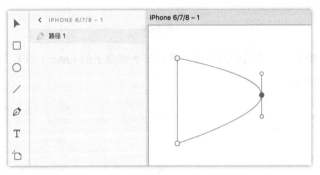

图 2-45

　　如果希望一开始就绘制曲线，那么先要激活"钢笔"工具，然后在起点处单击鼠标左键，拖曳鼠标到目的地位置后释放，即可设置曲线的斜度，此时会生成一条相应斜度的曲线，如图 2-46 所示。

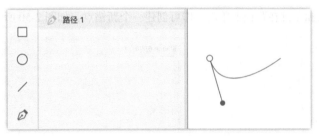

图 2-46

　　激活"钢笔"工具后，在起点处单击鼠标左键，然后将鼠标光标移动至需要的位置，再单击鼠标左键并拖曳，即可绘制两个锚点之间的曲线；如果再次单击鼠标左键时不拖曳，则会绘制出一条直线。如果希望继续绘制曲线，则应在另外的位置单击鼠标左键，出现直线后不释放鼠标，而是继续按住鼠标左键拖曳，直至直线变成曲线并呈现出所希望的样子，如图 2-47 所示。

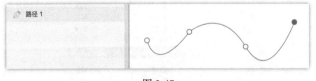

图 2-47

　　如果最后一个锚点与第一个锚点重合，则会自动闭合路径，退出"钢笔"工具；如果不希望闭合路径，可以按下 Esc 键退出路径的绘制。

　　当完成路径的绘制后，再次按下 Esc 键，则退出路径的编辑模式，此时再选中该路径，路径四周会出现一个矩形的选框，如图 2-48 所示。

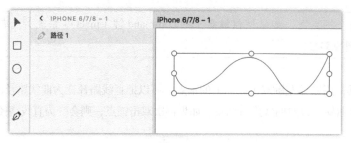

图 2-48

如果想再次进入编辑模式，需要选中该路径，然后按下键盘上的 Enter（回车）键，或者直接在该路径上双击鼠标左键，如图 2-49 所示。

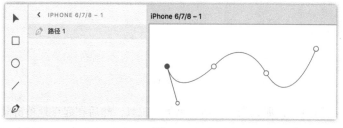

图 2-49

在编辑模式下，用鼠标左键在路径上单击，即可创建一个新锚点，如图 2-50 所示。

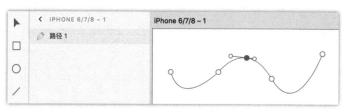

图 2-50

选中某个锚点，按下键盘上的 Delete 键，即可删除该锚点；当然，也可以选中该锚点后，单击鼠标右键，然后在弹出的菜单中执行"删除"命令，将该锚点删除，如图 2-51 所示。或者在 Adobe XD 的菜单栏中，执行"编辑 > 删除"命令删除锚点。

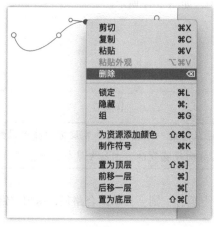

图 2-51

按住 Shift 键可以同时选中多个锚点。

不仅仅是路径，使用"矩形"工具、"椭圆"工具和"直线"工具绘制的图形，都可以用"选择"工具选中后，用鼠标左键双击或者按下 Enter 键进入编辑模式，对这些锚点进行调整或者增删，如图 2-52 所示。

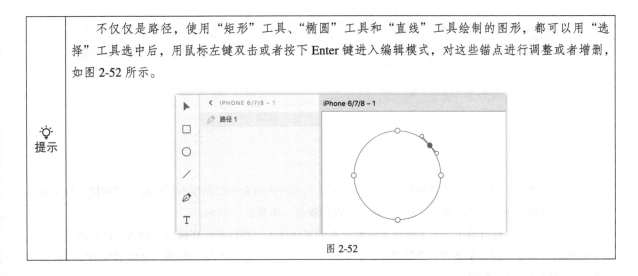

图 2-52

使用"钢笔"工具绘制好路径后，可以在右侧的属性检查器中设置属性，设置方法和矩形图层属性选择器的设置方法完全相同，在此不作重复介绍。

2.2.6　文本工具

"文本"工具 T 是 Adobe XD 工具栏中的第 6 个工具，通过该工具可以输入、编辑文本，以及对文本属性进行设置。要使用"文本"工具，只需要单击工具栏上的文本工具图标 T，或者直接按键盘上的 T 键将其激活。

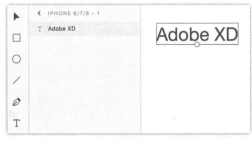

图 2-53

1. 输入文本

激活"文本"工具后，在需要输入文本的画板上单击鼠标左键，即可在光标处输入文字。当输入完成后，单击文本外的任意区域，即可完成文本的输入，如图 2-53 所示。

这里输入的文本称为点文本，点文本不会自动换行，如果一直输入文字不手动换行，文本会输入到画板之外的区域，如图 2-54 所示。

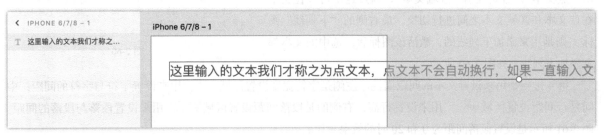

图 2-54

在点文本选中状态下，正中间的下方有个锚点，用鼠标上下拖曳该锚点可以对文字的大小进行缩放。

如果希望将输入的文本控制在一定范围内，则在激活"文本"工具后，在画板上按住鼠标左键拖曳出一个文本输入框，创建区域文本。此时，文本被限制在这个区域内，如图 2-55 所示。如果需要调整文本区域，可以拖曳文本框四周的锚点进行调整。

如果输入的文本超出了区域范围，那么超出的文本不会显示，而且区域文本框下方中间的锚点中会出现一个点，提示有文本未显示完整，此时需要缩小文本字号或者扩大区域文本框的范围，如图 2-56 所示。

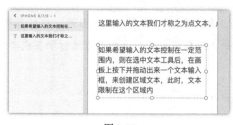

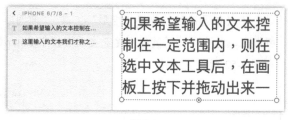

图 2-55   图 2-56

2. 文本图层的属性检查器

选中一个文本图层，可以看到右侧的属性检查器，大部分内容和矩形图层的属性检查器相同，只是在位置属性和外观属性板块之间，多了一个"文本"属性的板块，如图 2-57 所示。

在"文本"属性检查器中，第 1 排用于设置文本的字体样式，可以直接在横线上输入字体名称，也可以单击右侧的下拉箭头打开字体列表选择字体，在选择字体时，可以直接在横线处输入字体部分的字母快速筛选出需要使用的字体，如图 2-58 所示。

第 2 排左侧横线上的数表示字号大小，在图 2-59 中的 30，表示文本字号大小为 30px；右侧表示字重，单击下拉箭头可以展开当前字体的字重列表，需要注意的是，并非所有的字体都有字重可选择。

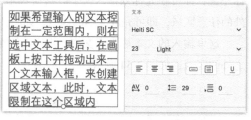

图 2-57   图 2-58   图 2-59

第 3 排左侧的对齐工具区域用于设置文本的对齐方式，分别是"左对齐""居中对齐"和"右对齐"。中间文本类型区域的两个图标则是用来设置文本的类型，左侧表示"点文本"，右侧表示"区域文本"，通过这里可以让文本在点文本和区域文本之间进行切换。最右侧的"下划线"图标则是用来添加下划线的，激活该图标后，选中的文本都会添加下划线，如图 2-60 所示。

图 2-60

第 4 排则是用来设置文本的间距属性。左侧是字符宽度设置区域，用来设置字符与字符的间距；中间是行间距设置区域，用来设置行高；右侧的是段落间距设置区域，用来设置段落与段落的间距。图 2-61 所示是设置段落间距为 0 和 20 时的效果对比。

图 2-61

文本图层属性检查器的其他属性设置和之前所讲到的形状图层的属性检查器的设置方法完全相同，在此不作重复介绍。

2.2.7 画板工具

"画板"工具 □ 是 Adobe XD 工具栏中的第 7 个工具，使用该工具可以在画布上创建无数个画板，并且这些画板的尺寸可以各不相同。要使用"画板"工具，只需要选中工具栏中的画板工具图标 □，或者直接按键盘上的 A 键将其激活。

1. 创建画板

激活"画板"工具后，右侧的属性检查器变为画板预设面板，可以看到 Adobe XD 中预设了常见的画板尺寸，如图 2-62 所示。

在画板预设面板中选择需要的画板预设，即可在画布上创建该尺寸的画板。在画布空白区域单击，可再次创建一个相同尺寸的画板，如图 2-63 所示。

这时，可以看到右侧属性检查器分成了两部分，上部分是画板的属性，下部分是画板的预设尺寸。如果需要再创建一个不同尺寸的画板，只需直接在属性检查器下方的画板预设中选择需要的预设尺寸，即可在画面中再次新建一个该尺寸的画板，如图 2-64 所示。

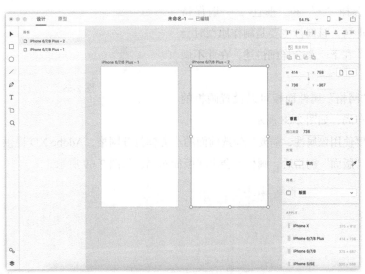

图 2-63

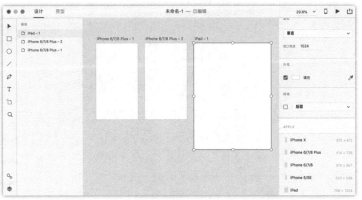

图 2-64

图 2-62

2. 画板属性检查器

选中画板后，可以看到右侧的画板属性检查器，相对于形状图层的属性检查器，画板的属性检查器有一些不同的元素，如图 2-65 所示。

位置属性面板如图 2-66 所示。在该面板中，可以设置画板的尺寸，W 和 H 后面的数值分别代表画板的宽和高，X 和 Y 则代表画板在画布上的位置。

右侧的画板方向设置区域有两个图标 ▯ ▭ ，它们用来切换画板的横竖方向，相当于宽和高的切换，默认情况下，都是竖屏状态。

"滚动"属性设置面板如图 2-67 所示。在该属性的下拉列表中，滚动模式可以选择"无"和"垂直"，一般保持默认即可。该属性主要是制作原型时会用到，在下一章会详细讲述，在此不做展开。

"网格"属性面板可以设置画板的网格布局，如图 2-68 所示。

要使用该属性，需要先勾选前面的小方框打开网格，Adobe XD 提供了两种网格，即"版面"和"方形"。打开"版面"网格后，画板上会出现版面布局，如图 2-69 所示。

图 2-66

图 2-67

图 2-65

图 2-68

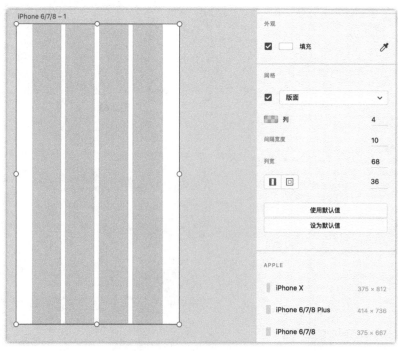

图 2-69

熟悉栅格化网页设计或者响应式网页设计的设计师，应该很清楚这种版面网格对设计界面是非常有帮助的。在属性中可以设置版面的列数，单击"列"左面的方块，可以设置网格的颜色。然后往下可以设置网格之间的间隔，注意这里的间隔不包括和画板左右边距的间隔。再往下可以设置每列布局的宽度。

"列宽"下面的网格模式图标 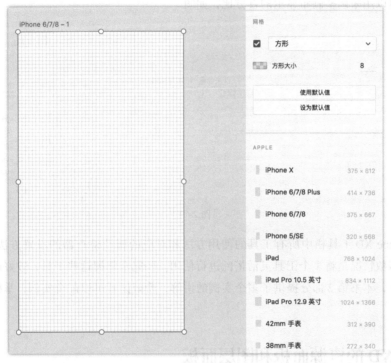 可以设置网格的模式，默认为左右居中的模式。后面的数值表示画板左右的边距，当选中第 2 个图标后，后面会出现 4 个数值输入框，分别用来设置顶边距、右边距、底边距和左边距，如 36 表示左右边距为 36px。

完成布局设置后，可以单击"设为默认值"按钮，这样在其他画板上打开网格的版面布局，即可让网格和设置保持一致。

把网格模式设置为"方形"后，如图 2-70 所示。可以单击"方形大小"左侧的方块设置网格的颜色，也可以在后面的数值输入框中设置每个方格的大小，如 8 表示每个方格的长和宽为 8px。

图 2-70

画板属性检查器的其他属性设置方式和之前所讲到的属性检查器完全相同，在此不做重复说明。

表 2-5　"画板"工具涉及的快捷键

功能名	macOS 系统	Windows 系统
画板工具	A	A
显示 / 隐藏版面网格	shift+command+'	Shift+Ctrl+'
显示 / 隐藏方形网格	command+'	Ctrl+'

2.2.8　缩放工具

"缩放"工具 是 Adobe XD 工具栏中的最后一个工具，要使用缩放工具，只需单击工具栏上的缩放工具图标 ，或者按键盘上的 Z 键激活。

"缩放"工具用于缩放画布。激活"缩放"工具，单击画布，即可放大画布；如果要缩小画布，则按住键盘上的 option 键（macOS 系统）或者 Alt 键（Windows 系统），然后单击鼠标右键即可。

> 提示　当使用中间带滚轮的鼠标操作时，对于 Mac 系统，可以按住 command 键上下滚动滚轮对画布进行缩放；对于 Windows 系统，可以按住 Ctrl 键或者 Alt 键上下滚动滚轮对画布进行缩放。

如果需要指定放大某个区域，在激活"缩放"工具后按住鼠标左键拖曳出一个范围，释放鼠标，这个范围所在的区域就能放大，如图 2-71 所示。

实际上，除了使用"缩放"工具缩放画布外，对于 Mac 系统，使用触控板还可以用双指缩放画布。除此之外，在 Adobe XD 标题栏的右侧，还有个百分比的下拉菜单，该菜单可以用来调整画布显示的百分比，如图 2-72 所示。

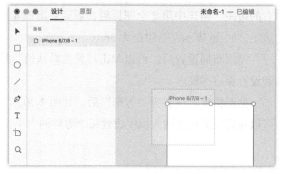

图 2-71

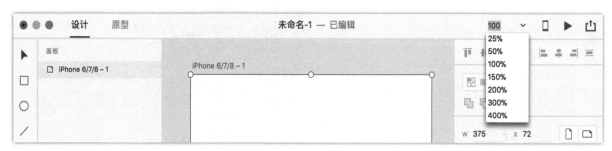

图 2-72

以上便是 Adobe XD 工具栏中所有工具的使用方法和对应的属性检查器的设置方法。在实际的 UI 设计工作中，绝大多数情况是将多个工具灵活搭配进行使用。要完全掌握这些工具，较好的办法就是直接进行实际案例的设计，本书第 2 部分提供了多个实例的讲解，希望读者可以配合实例，掌握这些工具的使用方法。

2.3　Adobe XD 的资源面板和图层面板

Adobe XD 的资源面板和图层面板位于工具栏的下方，这两个面板在实际 UI 设计中非常重要，下面讲解它们的用法。

2.3.1　资源面板

单击工具栏下方的"资源"面板图标 ◇，或者按快捷键 shift+command+Y（macOS 系统）/Shift+Ctrl+Y（Windows 系统），打开 Adobe XD 的资源面板，如图 2-73 所示。

这是资源面板为空时的状态，可以在这个面板里添加颜色、字符样式和符号资源。下面讲解各类资源的添加方法及其对应的使用方式。

1. 颜色

当选中整个画板，单击"颜色"后面的加号图标时，Adobe XD 会自动把这个画板中所有的颜色（位图颜色除外）添加到资源面板中，如图 2-74 所示。

图 2-73

图 2-74

当然，正常情况下一般不会把整个画板上的颜色都添加到颜色资源中，在这里只是想让读者了解颜色资源的添加方法。

01 选中需要添加到颜色资源面板中的图层。

02 单击资源面板中颜色后面的加号。

要删除颜色资源，先要选中需要删除的色块，然后单击鼠标右键，在弹出的菜单中选择"删除"命令，如图 2-75 所示。

需要注意的是，无论添加了哪种资源，资源面板上方都会出现列表模式图标 ，单击该图标可以切换资源显示的方式，如图 2-76 所示。

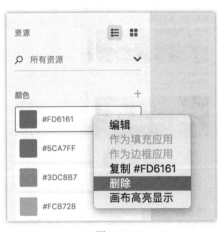

图 2-75

图 2-76

此外，还可以通过下方的搜索工具，让资源面板只显示某一指定的资源类型。

当把颜色资源添加到面板后，如果要使用该颜色，先要选中画板中的图层，然后单击资源面板中需要应用的颜色，即可把该图层的填充色变为资源中色块的颜色。

如果希望将颜色应用到描边而不是填充，可以选中颜色，然后单击鼠标右键，在弹出的菜单中选择"作为边框应用"命令，如图 2-77 所示。

如果需要查找某个颜色在画布中应用在哪些图层上，可以在该颜色上单击鼠标右键，然后在弹出的菜单中选择"画布高亮显示"命令，这时使用该颜色的图层会在画布中高亮显示，如图 2-78 所示。

图 2-77　　　　　　　　　　　　　　图 2-78

2. 字符样式

要添加字符样式，先要选中需要添加样式的文本图层，然后单击"字符样式"旁边的加号图标即可，图 2-79 所示是把标题的样式添加到了资源面板中。

图 2-79

如果需要应用字符样式资源，先要选中要应用样式的文本图层，然后单击对应的字符样式即可。

字符样式的删除和高亮显示，和颜色资源完全相同，在此不做重复讲述。

无论是颜色还是字符样式资源的添加和应用，都能在实际的 UI 设计中极大地减少重复工作，并且能帮助设计师检验一个界面中颜色和文本类型是否过多，以此提升界面整体的统一性和逻辑性。

3. 符号

添加符号的方式和添加颜色以及字符样式的方法完全相同，只需要选中要添加符号的图层，然后单击加号图标即可。例如，选中界面中的搜索栏，然后单击"符号"后面的加号，即可在资源面板中看到符号的添加，如图 2-80 所示。

图 2-80

但是符号不仅仅是样式，当把某一图层或图层组添加为符号时，实际上也是把这个图层或图层组创建为符号，熟悉 Sketch 的设计师应该清楚 Sketch 中符号的作用，Adobe XD 中符号的功能和 Sketch 中基本相同。

要使用符号，只需把符号从资源面板中拖曳到需要使用的画板上即可。图 2-81 所示是把搜索栏拖曳到一个新的画板上。

图 2-81

此时，两个画板中都有了相同的符号，如果修改任何一个符号的样式，如把搜索栏的填充色变更为灰色，可以发现其他画板中所有该符号都发生了相同的变化，并且资源面板中的符号也发生了变化，如图 2-82 所示。

图 2-82

因为符号的这一特性，所以常把一些公共的元素变为符号，以便在后续的界面中引用。对于符号中的文本，当变更文本的样式时，其他该符号中的文本样式也会发生变化，但是变更文本内容时，其他文本不受影响。

技术点拨——在 Adobe XD 中灵活使用符号

对于符号，在 Adobe XD 中除了可以通过资源面板创建外，还可以选中图层，然后单击鼠标右键，接着在弹出的菜单中选择"制作符号"命令进行创建，如图 2-83 所示，或者直接按快捷键 command + K（macOS 系统）/ Ctrl + K（Windows 系统）创建。通过这种方法创建的符号同样会被添加到资源面板中。

在实际工作中，如果需要对一个符号做修改，但是又不希望这个修改应用到其他符号，需要在修改之前，选中这个符号，然后单击鼠标右键，接着在弹出的菜单中选择"取消符号编组"命令，如图 2-84 所示。或者直接按快捷键 shift+command + K（macOS 系统）/ Shift+Ctrl + K（Windows 系统）进行应用。

图 2-83　　　　　　　　　　　　　　　图 2-84

上述的所有资源类型，都可以对添加到资源面板中的内容进行重命名。要对资源重命名，需要切换到列表视图，然后用鼠标左键双击资源名称即可进行修改，如图 2-85 所示。

图 2-85

2.3.2 图层面板

Adobe XD 的图层面板不同于以往的 Adobe 系列软件中的图层面板，Adobe XD 中的图层面板根据 UI 设计的特点进行了单独的设计，下面看看有哪些不同。

首先，要打开 Adobe XD 的图层面板，需要单击左下方的"图层"面板图标◈，或者按快捷键 command ＋ Y（macOS 系统）/ Ctrl ＋ Y（Windows 系统），如图 2-86 所示。

Adobe XD 中的图层面板会根据当前的状态实时变化，让图层列表尽可能简洁清晰。当未选中任何图层时，图层面板上只显示画板的名称，并且左上角有"画板"文字提示。如果用鼠标左键双击画板名称前面的▢图标，即可进入该画板的图层列表，如图 2-87 所示。

图 2-86

图 2-87

从图中可以看到，Adobe XD 画板上不同类型的图层会有不同的图标，具体如下。

‹ 首页 表示图层名，单击返回按钮可以回到画布。

▰ 表示图层组，此时图层组在图层列表上是收起状态。

▱ 表示图层组，此时图层组在图层列表上是展开状态。

▪ 表示矩形形状图层。

● 表示椭圆形状图层。

╱ 表示直线形状图层。

T 表示文本图层。

⌗ 表示路径图层。

⬚ 表示布尔运算图层，这个图层图标会根据布尔运算的不同而显示不同的图标，实心表示收起状态。

⬚ 表示布尔运算图层，空心表示展开状态，可以对构成该图层的基础形状进行调整。

▢ 表示位图图层。

✎ 表示符号图层。

▣ 表示蒙版图层，单击蒙版图层的图标可以打开蒙版内容。

▦ 表示重复网格图层。

通过图层面板，可以对图层进行管理。要选择某个图层，直接单击该图层即可；如果需要多选，则按住 command 键（macOS 系统）或 Ctrl 键（Windows 系统）并依次单击。需要注意的是，在 Adobe XD 的图层列表上多选时只能选择同一层级的图层，不能同时选中图层组外的图层和图层组内的图层。

如果需要对图层编组，则选中需要编组的图层，然后单击鼠标右键，在弹出的菜单中选择"组"命令，如图 2-88 所示，也可以直接按快捷键 command+G（macOS 系统）或 Ctrl+G（Windows 系统）。

在 UI 设计中，对图层进行编组非常有用，读者一定要养成这种习惯。如果需要取消编组，只需选中图层组，然后单击鼠标右键，在弹出的菜单中选择"取消编组"命令即可，如图 2-89 所示，也可以按快捷键 shift+command+G（macOS 系统）或 Shift+Ctrl+G（Windows 系统）。

当把鼠标光标移动到图层上方的，光标悬停的图层右侧会出现 3 个图标，如图 2-90 所示。这 3 个图标分别是批量导出标记 ⤴、锁定图层 🔒 和隐藏图层 👁 。

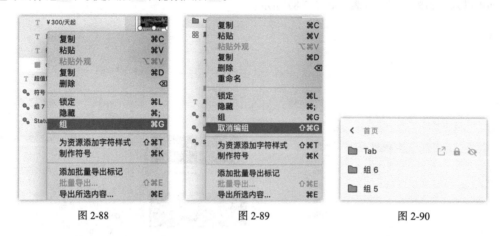

图 2-88　　　　　　　　　图 2-89　　　　　　　　　图 2-90

其中批量导出标记在导出与分享章节会详细介绍，这里只介绍锁定图层和隐藏图层的内容。

单击"锁定"图标 🔒，或按快捷键 command+L（macOS 系统）/Ctrl+L（Windows 系统），即可锁定该图层。图层被锁定后，在画板上单击图层时无法选中，该图层左上角会出现一个锁的图标，如图 2-91 所示。

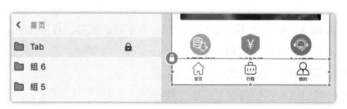

图 2-91

此时，如果要取消图层锁定，只需要再次单击图层列表上的锁定图标 🔒，或者再次按下快捷键 command+L（macOS 系统）/Ctrl+L（Windows 系统）即可解锁。

单击"隐藏"图标 👁 可以隐藏图层，切换图层隐藏／显示的快捷键为 command+;（macOS 系统）/Ctrl+;（Windows 系统）。

在图层列表中，位于上方的图层会挡住下方的图层，此时，拖曳图层可以调整图层之间的顺序。

用鼠标左键双击图层名，即可对图层进行重命名，如图 2-92 所示。在 UI 设计中，养成好的图层命名习惯非常重要。

在 Adobe XD 中，如果有图层不属于任何画板，而是直接在画布上，则该图层会以"粘贴板"的形式存在于图层面板上，如图 2-93 所示。

图 2-92

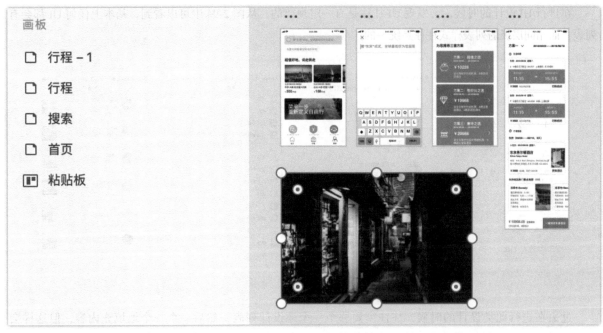

图 2-93

表 2-6 图层面板涉及的快捷键

功能名	macOS 系统	Windows 系统
图层面板打开 / 关闭	command+Y	Ctrl+Y
编组	command+G	Ctrl+G
取消编组	shift+command+G	Shift+Ctrl+G
生成符号	command+K	Ctrl+K
锁定 / 解锁图层	command+L	Ctrl+L
隐藏 / 显示图层	command+;	Ctrl+;
置为顶层	shift+command+]	Shift+Ctrl+]
前移一层	command+]	Ctrl+]
后移一层	command+[	Ctrl+[
置为底层	shift+command+[	Shift+Command+[
撤销	command+Z	Ctrl+Z
还原	shift+command+Z	Shift+Ctrl+Z
剪切	command+X	Shift+Ctrl+X
复制	command+C	Ctrl+C
粘贴	command+V	Ctrl+V
复制并粘贴	command+D	Ctrl+D

　　以上是有关资源面板和图层面板的内容介绍，相信读者已经掌握了使用的方法和技巧，但要完全掌握，最好还是结合实例，在练习中不断提升自己的认知。

2.4　重复网格

　　重复网格是 Adobe XD 的一个极其重要的功能，灵活运用这一功能，可以有效地提高设计效率。

在进行 UI 设计的时候，会发现 UI 往往是有一定规律的，从图 2-94 中可以看到，基本上任何 UI 都会有列表，而相同层级的列表样式往往是统一的。

图 2-94

过去在进行此类设计的时候，往往需要一个一个地设计列表，然后一个一个地填充内容，但这样会有两个弊端：一个是效率低下，需要不断地重复；另一个就是以后如果要修改样式，又需要一个一个地修改。

Adobe XD 中重复网格功能的出现，完美地解决了这两个问题。

2.4.1　创建重复网格

在 Adobe XD 中，可以把任何图层或者图层组创建为重复网格。创建重复网格的操作步骤如下。

01 选中需要创建重复网格的图层或图层组，一般情况下，如果是图片和文本组合的图层，建议先对其编组，然后再创建重复网格，如图 2-95 所示，把需要重复的图层进行编组。

图 2-95

02 单击右侧属性检查器中的"重复网格"按钮，可以看到选中图层组的边框变成绿色虚线，如图 2-96 所示。

图 2-96

03 可以看到图层的右侧和底部中间分别有一个圆角矩形，当把光标移上去时，矩形会变成实心的，这时向右或者向下拖曳该圆角矩形，就会自动创建重复网格，如图 2-97 所示。

图 2-97

04 把光标移动到网格与网格之间，会出现紫色的间距条，这时按住鼠标左键拖曳可以调整网格的间距，如图 2-98 所示。

图 2-98

调整完成后，一个重复网格就创建好了。需要说明的是，在重复网格中可以继续创建重复网格，创建的方法和上述的方法完全相同，读者可以自行尝试，在后面的案例中也会有关于重复网格嵌套使用的实例。

2.4.2　为重复网格添加内容

继续以上面的内容为例，可以发现，在界面中还需要添加每个人的头像、姓名和电话。首先讲解如何快速添加头像。

01 如果图像可以随机，则直接选中；如果需要让图像以某种顺序匹配网格中的顺序，则对这些图像进行编号，将文件名修改为 1.jpg、2.jpg 或 1_×××.jpg、2_×××.jpg 等，然后一次性选中所有的位图，如图 2-99 所示。

02 把所有的文件一起拖入 Adobe XD 画板的重复网格图层上，可以移动到任意一个需要填充图像的图层上，如图 2-100 所示。

图 2-99

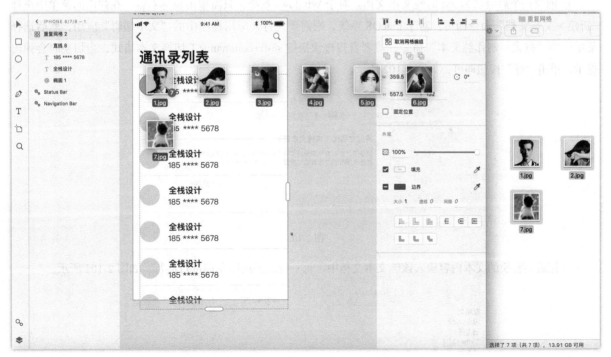

图 2-100

03 释放鼠标后，发现图片按照文件名的顺序分别填充到了椭圆图层上，如图 2-101 所示。需要注意的是，这里一共有 7 个图层，对应 7 张图片，如果有 7 个图层，只有 3 张图片，那么 Adobe XD 会自动按照填充顺序循环填充。

图 2-101

图片添加完成后，下面讲解如何批量修改文字。

01 创建一个后缀名为 .txt 的纯文本文档。对于 Windows 系统，只需单击鼠标右键，在弹出的菜单中选择"新建 > 文本文档"命令即可；对于 macOS 系统，则需要先打开应用程序中的"文本编辑"应用，然后选择菜单中的"格式 > 制作纯文本"命令，或者直接按快捷键 shift+command+T 切换文本格式，当切换时会弹出提示，单击"好"按钮即可，如图 2-102 所示。

图 2-102

02 把需要替换的文本内容输入该纯文本文档中，每一行需要用回车键进行换行，如图 2-103 所示。

图 2-103

03 当把文字输入完成后进行保存，然后将该 txt 文件拖曳到任意一个需要替换文本的图层上，如图 2-104 所示。

图 2-104

04 可以发现，文本内容已经全部自动替换完成了，如图 2-105 所示。

图 2-105

2.4.3 批量修改样式

对于使用重复网格的图层或图层组来说，修改其中任何一个图层的样式，其他相似的图层也会同时发生变化。例如，给任意一行的头像添加一个阴影效果，其他图层也会自动添加相同的效果，如图 2-106 所示。

图 2-106

文字也可以批量修改样式，但是内容不会变。实际上，可以把重复网格理解为一个符号，注意看左侧的图层列表，可以发现，无论这个重复网格有多少个网格内容，图层列表中永远只有一个重复网格图层组。

如果希望变更其中一个内容的样式，但是又不希望其他图层样式跟着发生变化，可以选中该重复网格，然后单击右侧属性检查器中的"取消网格编组"按钮，在图层列表中可以看到每一个网格内容都变成了一个单独的图层组，如图 2-107 所示。

图 2-107

表 2-7　"重复网格"涉及的快捷键

功能名	macOS 系统	Windows 系统
重复网格	command+R	Ctrl+R
取消网格编组	shift+command+G	Shift+Ctrl+G

2.5　Adobe XD 其他补充知识

到这里，Adobe XD 设计模式中的内容基本上已经讲解完了，但还有一些比较重要的知识点，需要给读者做一个补充。这些内容虽然没有直观地展示在工具栏中，但是在进行设计的时候，还是比较重要的。

2.5.1　蒙版遮罩

在 Adobe XD 中，虽然可以直接把图片拖曳到某个形状图层上进行填充，但有时候会对自动填充的范围不满意，这时可以用鼠标左键双击该图层，然后调整图片显示的区域，如图 2-108 所示。

图 2-108

除了上面介绍的方法，Adobe XD 还可以使用蒙版遮罩的方式来实现上述效果。要使用蒙版遮罩，可以按照以下步骤进行操作。

01 在画板中添加需要遮罩的内容以及遮罩形状，将图层移动到合适的位置，如图 2-109 所示。

图 2-109

02 选中两个图层，然后在 macOS 系统上执行"菜单 > 对象 > 带有形状的蒙版"命令，或者直接按快捷键 shift+command+M 制作蒙版遮罩；在 Windows 系统中，选中两个图层后单击鼠标右键，在弹出的菜单中选择"带有形状的蒙版"命令，或者直接按快捷键 Shift+Ctrl+M 即可，如图 2-110 所示。

图 2-110

03 可以看到，图层列表中的两个图层已经合并为一个蒙版图层，单击图层列表中蒙版图层前面的图标，可以打开蒙版图层对里面的内容进行调整，也可以用鼠标左键直接双击蒙版图层对其进行编辑，如图 2-111 所示。

图 2-111

04 如果要取消蒙版，只需选中蒙版图层，然后单击鼠标右键，在弹出的菜单中选择"取消蒙版编组"命令即可，如图 2-112 所示。

图 2-112

表 2-8　蒙版遮罩涉及的快捷键

功能名	macOS 系统	Windows 系统
蒙版遮罩	shift+command+M	Shift+Ctrl+M
取消蒙版编组	shift+command+G	Shift+Ctrl+G

2.5.2　将文本转换为路径

在 Adobe XD 中，可以把文本转换为路径，方便进一步对文字进行调整，这在 LOGO 和图标设计中尤为重要。

把文本转换为路径的操作步骤如下。

01 在画板上输入需要转换的文字，如图 2-113 所示。

图 2-113

02 在 macOS 系统中选择文本，执行"菜单 > 路径 > 转换为路径"命令，或者直接按快捷键 command+8（macOS 系统），即可将文字转换为路径；在 Windows 系统中选择文本，然后单击鼠标右键，在弹出的菜单中选择"路径 > 转换为路径"命令，或直接按快捷键 Ctrl+8，即可将文字转换为路径，如图 2-114 所示。

图 2-114

03 将文字转换为路径后按 Enter 键，即可对图层进行编辑，如图 2-115 所示。

图 2-115

至此，有关 Adobe XD 设计模式的内容就全部讲解完了，下一章将详细讲解 Adobe XD 原型模式的知识。读者可以继续阅读，也可以直接跳转到第 2 部分学习如何用 Adobe XD 设计实例，通过练习这些实例，可以加强对 Adobe XD 设计模式的掌握。

第 1 部分

Adobe XD 从零到精通

Xd 第 1 章 Adobe XD 基础入门

Xd 第 2 章 Adobe XD 的设计模式详解

Xd 第 3 章 Adobe XD 的原型模式详解

Xd 第 4 章 Adobe XD 的导出和共享

3.1　Adobe XD 的原型模式

Adobe XD 把"设计"和"原型"两大板块合二为一，便于设计师们在设计完界面后，无须切换软件，便可直接在界面上进行交互原型设计，以便告知团队成员界面之间的跳转关系，并设计一些简单的跳转效果。

经过多个版本的更新迭代，Adobe XD 的原型模式功能已经逐渐完善。相对于设计模式，原型模式的内容少了很多，但灵活掌握里面的所有功能，将能帮助设计师创建出非常优秀的交互原型。

3.1.1　进入 Adobe XD 的原型模式

要从设计模式切换到原型模式，可以单击标题栏左侧的"原型"TAB 标签，也可以直接按快捷键 control+tab（macOS系统）或者 Ctrl+Tab（Windows 系统），如图 3-1 所示。

在原型模式下，工具栏上仅剩下"选择"工具和"缩放"工具，右侧的属性检查器也已经隐藏起来，其他内容没有发生变化。在原型模式下，Adobe XD 希望设计师把注意力集中在界面跳转上，如果需要修改某个画板或图层的内容或样式，可以随时切换回设计模式。

在原型模式下，建议设计师打开"桌面预览"功能实时查看界面效果。要打开此功能，只需要单击标题栏右侧的"桌面预览"图标 ▶ 即可，如图 3-2 所示。

图 3-1

图 3-2

此时，界面上会弹出一个模拟设备屏幕的界面，在设计完交互跳转后可以在这个界面上查看跳转效果。如果不需要该界面，可以随时单击上方的"关闭"按钮将其关闭。

3.1.2　设置主界面

打开"桌面预览"窗口后，可以看到无论当前文档有多少个画板，预览窗口只默认显示一个页面，这个页面即是主界面，也就是用户打开原型后看到的第 1 个界面。

默认情况下，Adobe XD 会自动选择第 1 个添加了交互效果的画板为主界面，用户可以根据设计需要随时变更主界面。

要设置主界面，先要选中要设置的画板，这时画板的左上角出现了一个灰色的主页图标█，如图 3-3 所示。

单击该图标，当图标变为蓝色主页图标█时，即表示已经将该画板设置为主页面。当再次打开预览窗口时，可以看到默认打开的界面是刚才设置的画板。

主界面意味着用户看到的第 1 个界面，这是一切交互的开始。

图 3-3

3.1.3　设置滚动页面

对于一个长页面（超出屏幕高度的页面），如果没有做任何设置，在预览窗口下看到的效果如图 3-4 所示。

这很明显不符合我们的使用习惯，我们需要让页面以 100% 的宽度显示，对于超出屏幕高度的部分，通过滑动屏幕来显示。在 Adobe XD 中，可以很容易做到这一点。

01 切换到设计模式，选中需要设置的画板，然后在属性检查器的"滚动"面板中，将"无"改为"垂直"，如图 3-5 所示。

图 3-4

图 3-5

02 将视窗高度的数值设置为屏幕的高度，如图 3-6 所示。对于将滚动属性设置为"垂直"的画板，在画布上可以看到高度区域有一条蓝色虚线指示屏幕高度的位置，可以通过这条虚线查看首屏幕会显示的内容。

03 在预览窗口中，可以看到界面已经以 100% 的宽度显示了，并且可以在预览窗口中对界面进行滚动操作，如图 3-7 所示。

图 3-6

图 3-7

3.1.4 设置固定位置

当界面在滚动的时候，可能需要将某些内容（如顶部的状态栏和底部的 TAB 菜单栏）一直固定在屏幕上，不随着界面一起滚动。在 Adobe XD 中，同样很容易做到这一点。

下面以上节中的界面为例，为读者讲解设置固定位置的方法。

01 首先对需要固定的图层编组，确保其在图层列表的最上方，这是为了避免滚动的时候，被其他内容所覆盖。然后在设计模式下，选中该图层或图层组，接着在属性检查器中勾选"固定位置"选项，如图 3-8 所示。

图 3-8

02 把这个图层组移动到首屏中合适的位置。根据图层的内容，可知应将图层组移动到首屏的底部，因为在前面对这个界面设置了滚动的垂直属性，所以在界面上可以看到蓝色的虚线，直接把图层内容移动到虚线上方即可，如图 3-9 所示。

03 打开预览窗口，可以看到这个购买按钮一直固定在屏幕底部，达到了设计的要求，如图 3-10 所示。

图 3-9

图 3-10

3.1.5 设置页面跳转

上面所讲解的内容都是单个页面的交互设置，接下来讲解如何把不同的界面连接起来。

在 Adobe XD 中，可以指定单击某个画板跳转到另一个画板，也可以指定单击画板中某个元素跳转到另一个画板等，操作的方法完全相同。

01 设计的要求是希望用户单击搜索框，跳转到搜索界面。因此选中需要设置交互的图层或图层组，被选中的图层组右侧会出现一个蓝色背景的小箭头 ，如图 3-11 所示。

02 将鼠标光标移动到蓝色背景的小箭头上，光标旁边会出现一条虚线，然后按住鼠标左键将连接线拖曳到需要跳转的界面上，接着释放鼠标，如图 3-12 所示。

图 3-11

图 3-12

03 释放鼠标后被连接的端点处会弹出一个菜单，如图 3-13 所示，在整个菜单上可以设置跳转的效果。关于跳转效果的内容，本章后面会详细讲解。

04 采用同样的方法把剩下的界面跳转关系都连接起来，如果需要删除跳转关系，只需拖曳连接线的任意端点到画板之外的地方释放即可。所有的跳转关系都设置完成后，单击某个画板，只会显示与该画板相关的跳转线。如果需要查看当前文档中所有画板的跳转关系，可以按快捷键 command+A（macOS 系统）或者 Ctrl+A（Windows 系统），即可显示所有的跳转连接线，如图 3-14 所示。

图 3-13

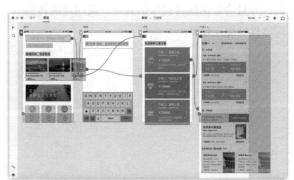

图 3-14

设置完所有的跳转后，可以在预览窗口中单击这些设置的区域，检查跳转设置得是否正确。

3.1.6　设置跳转效果

Adobe XD 不仅可以快速地设置界面之间的跳转，还允许用户自定义跳转的效果。跳转效果应在设置界面跳转的同时进行设置，并且每变动一下跳转效果的设定，都应该实时在预览窗口中确认是否达到预期。

Adobe XD 的跳转效果设置面板如图 3-15 所示，面板中有"过渡"和"叠加"两个板块，这两个板块对应两种不同的使用情形。

1. 过渡

Adobe XD 默认选择"过渡"效果，在该效果下可以设置跳转的"目标""过渡""缓动""持续时间"和"保留滚动位置"。

"目标"选项用于设置跳转到的目标画板。单击"目标"选项的下拉箭头会出现"无""上一个画板"和当前文档中所有画板的列表，如图 3-16 所示。

当选择"无"时，即表示删除跳转关系，此时该处变为无跳转效果。

当选择"上一个画板"时，效果设置窗口的状态如图 3-17 所示，剩下的选项都不能设置，并且在图层的左侧显示一个蓝色背景的返回图标 。

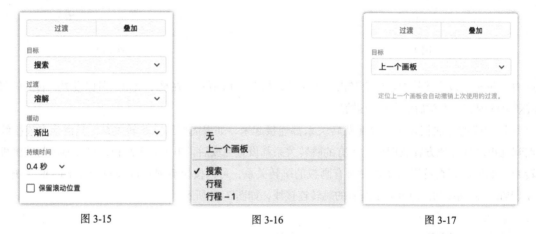

图 3-15　　　　　　　　　　图 3-16　　　　　　　　　　图 3-17

这个选项特别适合在界面中的返回按钮上使用，如图 3-18 所示。在 App 左上角的返回按钮上设置跳转目标为"上一个画板"，当用户单击该按钮后，无论从哪个界面跳转到当前界面，都可以返回到跳转过来的界面，并且会根据跳转过来的效果，反向地跳转回去，这样既提升了设置交互原型的效率，又能更好地模拟实际软件的交互效果。

图 3-18

当选择下方的画板列表时，选中哪个画板就表示跳转到哪个画板。

打开"过渡"选项的下拉菜单，可以看到 Adobe XD 内置了三类共 10 种跳转效果，如图 3-19 所示。

这些跳转效果都非常简单，读者可以分别尝试一下，然后在预览窗口中进行预览，在设计工作中根据实际需要进行选择即可。这里主要介绍"无"这种效果的使用场景。

如果想要模拟图 3-20 所示的勾选效果，使用"无"是比较合适的。可以给出两个画板，第 1 个画板的选项都是非选中状态，第 2 个画板中有一个选项是选中状态，然后连接两个画板，设置过渡效果为"无"。

打开"缓动"选项的下拉菜单，可以看到 Adobe XD 提供了"渐出""渐入""渐入渐出"以及"无"4 种缓动效果，如图 3-21 所示。

缓动用于模拟更为自然的运动状态，当选择缓动为"无"时，表示让界面的跳转为匀速运动，一般情况下，不建议选择"无"。至于其他 3 种缓动效果，无所谓好坏，结合实际选择即可。

接下来讲解"持续时间"选项，顾名思义，持续时间就是表示界面跳转的时间。Adobe XD 默认提供 5 种时间选项，如图 3-22 所示。读者可以直接选择，也可以直接在数值输入框中输入以秒为单位的时间，输入数值后按下 Enter 键即可，无须输入单位。

图 3-19　　　　　　　　　图 3-20　　　　　　　　　图 3-21　　　　　　　图 3-22

一般情况下，UI 界面中跳转的持续时间尽量不要超过 1 秒，当然也不要过短，如 0.1 秒，过快会让用户看不清跳转效果，过慢则会让用户失去耐心。

最后一个是"保留滚动位置"选项，该选项用来设置一些特定场景下的效果。如果勾选这个选项，那么当用户从 A 画板跳转到 B 画板时，假设用户单击的是在 A 画板位置距离顶部 1000px 地方的内容，跳转到 B 画板，也同样会直接跳转到距离顶部 1000px 的位置。

从字面上读者可能很难理解，下面通过一个实例进行说明。

图 3-23 所示的界面已经超过了屏幕，需要往下滚动才可以看到所有内容。将整个界面进行复制，然后把下方某个区域的背景色变成橙色加以区分，接着在原界面下方的图层组处设置交互，单击可以跳转到复制的界面。

在预览窗口中可以看到，当不勾选"保留滚动位置"选项时，滑动到下方，然后单击，就会跳转到下一个画板的顶端；当勾选"保留滚动位置"选项时，在预览窗口中

图 3-23

单击，发现会跳转到跟当前画板相同的位置，如图 3-24 所示。

图 3-24

2. 叠加

从字面上理解，"叠加"是指把两个画板的内容重叠在一起，使用这种效果可以模拟一些过渡界面，如键盘的出现等。

从图 3-25 中可以看到，当切换到"叠加"后，除了效果设置窗口内容发生了变化，在原跳转的画板上还出现了一个和跳转到的画板尺寸相同的绿色框。

这个绿色的框就表示叠加时，需要叠加的画板出现的位置。因为键盘一般会在底部出现，所以把这个框移动到画板底部，如图 3-26 所示。

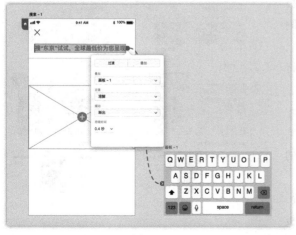

图 3-25

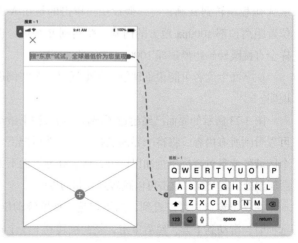

图 3-26

相对于"过渡"面板的内容，"叠加"面板只是将"目标"选项变成了"叠加"选项，但是内容是完全相同的，如图 3-27 所示。在"叠加"下拉菜单中，过渡效果只有 6 种，其他的内容都完全相同，所以在此不做重复介绍。

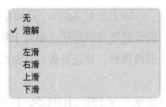

图 3-27

提示	因为是模拟键盘滑出，而键盘一般都是从下往上滑出，所以这里选择"上滑"选项，这时在预览窗口中单击搜索栏，即可看到模拟的键盘滑出的效果。

3.1.7 录制交互预览效果

在预览窗口中，除了可以实时查看效果外，还可以把整个过程录制下来。在预览窗口的右上方，有一个录制图标和时间，如图 3-28 所示。

单击这个区域时，鼠标光标会变成一个圆形，并且时间开始走动，同时图标开始闪烁，此时就代表已经开始录制。录制的时候可以在界面上单击查看所有的交互效果，这些内容都会被录制下来。当录制完成后，再次单击录制图标区域或者直接按下键盘上的 Esc 键退出录制，这时会弹出图 3-29 所示的对话框。

在该对话框中，可以对录制的内容命名，以及选择存储到的位置，设置完成后单击"存储"按钮，就可以在对应位置找到这个后缀名为 .mp4 的视频文件。

图 3-28

图 3-29

提示	需要注意的是，目前 Windows 版本的 Adobe XD 并不支持在预览窗口录制原型，但是 Windows 10 系统提供了原生的屏幕录制应用，可以用来替代 Adobe XD 的屏幕录制功能。默认情况下，按 Win+Alt+G 键可以开启屏幕录制功能。如果快捷键有变动，可以前往"设置 > 游戏"中找到对应的快捷键，如图 3-30 所示。	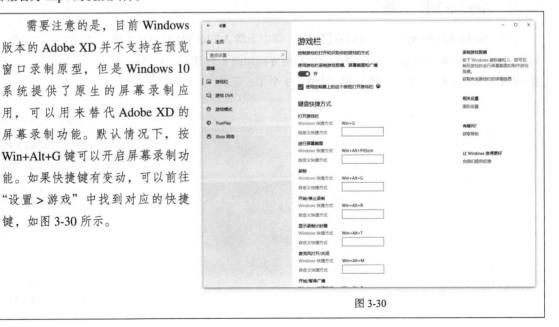

图 3-30

以上是对 Adobe XD 原型模式的讲解，虽然 Adobe XD 不能制作出特别精美的动效，但是对于大部分原型设计已经足够适用。相对于精美的动效，Adobe XD 的原型设计主要用于描述界面之间的跳转逻辑，并且通过模拟跳转，检查是否有界面的缺失以及流程是否都能走通。

3.2　在移动设备上预览设计和原型

除了可以在软件中直接预览设计和交互原型，Adobe XD 还提供了 iOS 和安卓应用，使设计师可以在移动设备上实时查看设计效果。

3.2.1　移动版 Adobe XD 的 App 安装

如果希望在移动设备上预览设计和原型，需要先在移动设备上下载对应的 App，可以直接在应用商店搜索 Adobe XD，即可找到对应的应用，如图 3-31 所示。

当下载安装完成后，第 1 次打开 Adobe XD 的 App，如图 3-32 所示。

图 3-31

图 3-32

3.2.2　Adobe XD 文档

打开 Adobe XD 的 App 后，可以直接用第 1 章中下载 Adobe XD 时所注册的 Adobe ID 的账号和密码进行登录，登录完成后的界面如图 3-33 所示。此 App 下面一共有"XD 文档""实时预览"和"设置"3 个 Tab 菜单。

图 3-33

当使用 Adobe ID 登录后，Adobe Creative Cloud 会在操作系统中创建一个名为 Creative Cloud Files 的文件夹，可以把 XD 的文档直接放入该文件夹，这时系统会自动把该文档和云端进行同步，当完成同步后，文档旁会出现一个绿色的钩图标，表示同步成功，如图 3-34 所示。

图 3-34

此时，再重启移动版的 Adobe XD App，会发现在"XD 文档"板块中，自动同步了 Creative Cloud Files 文件夹中的 XD 文件，如图 3-35 所示。

直接单击文件，即可下载并进行预览，如图 3-36 所示。

如果需要离线保存该文档，可以单击文档列表右侧的 按钮，然后在弹出的菜单中打开"可离线使用"开关即可，如图 3-37 所示。

图 3-35　　　　　　　　　图 3-36　　　　　　　　　图 3-37

这样设置后，即便移动设备没有联网，也能正常打开该文档。关于下方的"共享原型链接"功能，将在第 4 章进行讲解。

3.2.3　实时预览

把下面的 Tab 菜单切换到"实时预览"，如图 3-38 所示。

用 USB 线同 Mac 电脑连接，然后启动 Mac 上的 Adobe XD，接着打开对应的 XD 文档，稍等片刻，就可以实时在移动设备上预览了。

当长按移动设备屏幕的任意区域时，可以呼出 Adobe XD 的菜单，如图 3-39 所示。

在这里，可以返回到主菜单，也可以浏览所有画板，以及把当前屏幕用图片的方式发送出去。

当开启热点提示后，如果在屏幕上单击没有设置交互跳转的区域，设置了跳转的区域会以蓝色闪烁提示。

图 3-38

图 3-39

3.2.4　设置

"设置"界面如图 3-40 所示，此界面主要用于设置有关该 App 的一些内容，可以在此切换 Adobe ID 账号，也可以在首选项中删除离线的文档，还可以在帮助中获取关于该应用的所有帮助教程。

需要注意的是，到本书完稿时，实时预览的功能仅能在 Mac 电脑上通过 USB 的方式实现。Adobe 团队正在研发在 Windows 系统上通过 Wi-Fi 形式进行实时预览的功能，读者需要耐心等待。

图 3-40

第 1 部分

Adobe XD 从零到精通

Xd 第 1 章 Adobe XD 基础入门

Xd 第 2 章 Adobe XD 的设计模式详解

Xd 第 3 章 Adobe XD 的原型模式详解

Xd 第 4 章 Adobe XD 的导出和共享

4.1 Adobe XD 的导出

设计完成后需要导出文件，在 Adobe XD 中导出设计稿是一件非常容易的事情，本节主要讲解如何把设计好的界面或者图标导出为静态文件。

4.1.1 导出画板和图层

1. 导出所有画板

在 Adobe XD 中可以一次导出文档中所有的画板，具体的操作步骤如下。

01 打开 XD 文档，确保不要选中任何的画板。

02 在 macOS 系统中，执行“文件 > 导出 > 所有画板”菜单命令，如图 4-1 所示。在 Windows 系统中，单击左上角的菜单图标，然后在弹出的菜单中执行“导出 > 所有画板”菜单命令，如图 4-2 所示。

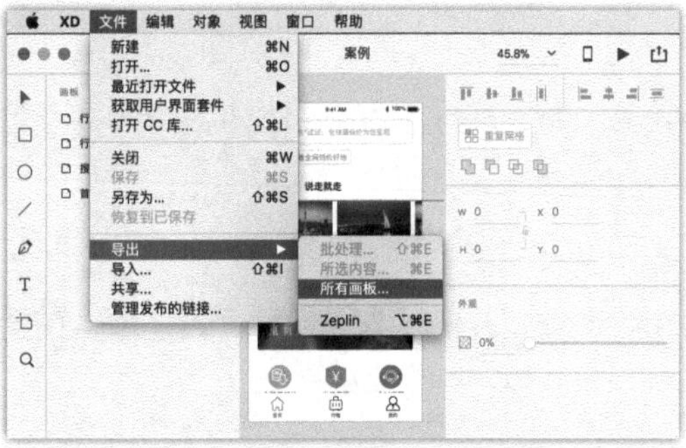

图 4-1

图 4-2

03 此时会弹出“导出资源”对话框，在 macOS 系统中如图 4-3 所示，在 Windows 系统中如图 4-4 所示。在该对话框中，可以设置导出到的位置、导出文件的格式以及文件的大小。关于导出的设置，将在后面单独讲解，所有设置完成后，单击“导出所有画板”按钮即可。

图 4-3

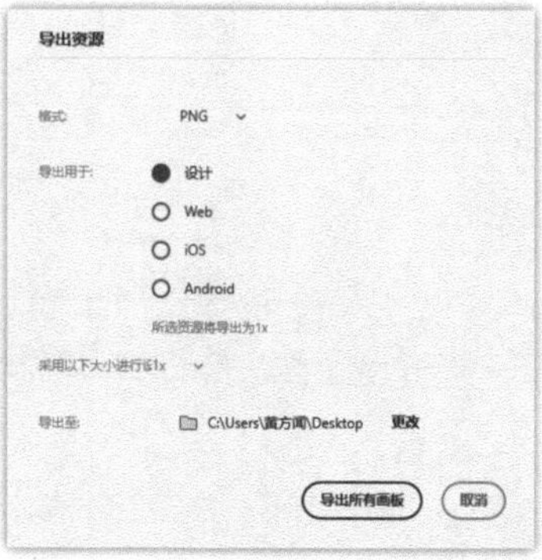

图 4-4

2. 批量导出指定画板和图层

采用上面的方法可以一键导出所有的画板，但是如果一个 XD 文档中有很多画板，而只希望一键导出部分画板，Adobe XD 也能很容易实现。

01 在 Adobe XD 的设计模式中，将鼠标光标移动到图层列表上，可以看到画板列表或者图层列表的右侧会出现一个添加批量导出标记的图标 ，如图 4-5 所示。

02 在需要导出的画板或者图层处的添加批量导出标记图标上单击，可以对要导出的画板或图层进行标记，如图 4-6 所示。

图 4-5　　　　　　　　　　图 4-6

03 标记完成后，在 macOS 系统中，执行"文件 > 导出 > 批处理"菜单命令，如图 4-7 所示，或者按快捷键 shift+command+E。在 Windows 系统中，单击左上角的菜单图标，然后在弹出的菜单中执行"导出 > 批处理"菜单命令，如图 4-8 所示，或者按快捷键 Shift+Ctrl+E。

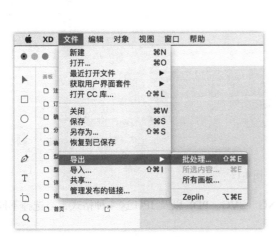

图 4-7

图 4-8

04 在弹出的"导出资源"对话框中选择导出的位置并设置好参数，然后单击"导出"按钮，即可批量导出指定的画板和图层，在 macOS 系统中如图 4-9 所示，在 Windows 系统中如图 4-10 所示。可以一次性导出画板、图层组以及图层。

图 4-9

图 4-10

3. 导出单个画板或图层

如果要导出单个画板或图层，先要在图层列表中选中该画板或图层，然后单击鼠标右键，在弹出的菜单中选择"导出所选内容"命令，如图 4-11 所示，也可以直接按快捷键 command+E（macOS 系统）或者 Ctrl+E（Windows 系统）。

当然，也可以通过执行"导出"菜单命令进行导出，具体的方法和上面讲述的相同。这种方法也可以导出多个指定的画板和图层，只是需要先按住 command 键（macOS 系统）或者 Ctrl 键（Windows 系统）同时选中多个画板或者图层，然后通过该方法导出所选择的内容即可。

图 4-11

4.1.2　导出选项

在前面所讲的内容中，读者已经看到了 Mac 版和 Windows 版的"导出资源"对话框，如图 4-12 所示。虽然二者在布局上有所不同，但是内容和使用方法完全一致，下面以 Mac 版为例进行讲解。

图 4-12

Adobe XD 允许设计师把画板或图层导出为 PNG、SVG、PDF 以及 JPG 这 4 种格式，当选择不同格式时，下面的内容会随着格式的不同而发生变化。

1. PNG 格式

PNG 格式是 Adobe XD 默认导出的格式，也是在日常工作中经常使用的导出格式。相对于 JPG 格式，PNG 是无损压缩，并且支持透明通道，对于图标等需要透明背景内容的导出，是一个非常不错的选择。

对于 PNG 格式，首先需要选择导出的用途。Adobe XD 中提供了"设计"、Web、iOS 和 Android 4 个选项供设计师选择，如图 4-13 所示。当选择不同的用途时，下面会有文字提示"所选资源将导出为 x 倍"。

图 4-13

以 iOS 为例，在实际工作中，往往需要提供给开发人员 @2x 以及 @3x 尺寸的图片。选择 iOS 后就无须多次导出，可以一键生成 @1x、@2x 以及 @3x 等不同尺寸的图片。

这里的 1x、2x 以及 3x，受下方的"采用以下大小进行设计"影响，当使用 1 倍尺寸进行设计时就选择 1x，如果是以 2 倍尺寸进行设计就选择 2x。例如，用 375×667 分辨率设计的 iPhone 8 尺寸画板，就选择 1x。

这里的选择会影响到 1x、2x 和 3x 的分辨率的倍数关系。表 4-1 是一个简单的对应关系说明。

表 4-1　iOS 设计尺寸和实际导出尺寸对比关系

采用以下大小进行设计	设计尺寸	1x 实际尺寸	2x 实际尺寸	3x 实际尺寸
1x	30px	30px	60px	90px
2x	30px	15px	30px	45px
3x	30px	10px	20px	30px

当选择 Android 后，则不同于之前的倍数，如图 4-14 所示，导出的尺寸为 ldpi、mdpi、hdpi、xhdpi、xxhdpi 以及 xxxhdpi，并且"采用以下大小进行设计"的下拉列表也变成了百分比的选择，具体的对应关系如表 4-2 所示。

图 4-14

表 4-2　Android 设计尺寸和实际导出尺寸对比关系

采用以下大小进行设计	设计尺寸	ldpi 实际尺寸	mdpi 实际尺寸	hdpi 实际尺寸	xhdpi 实际尺寸	xxhdpi 实际尺寸	xxxhdpi 实际尺寸
75%-ldpi	10px	10px	14px	20px	27px	40px	54px
100%-mdpi	10px	8px	10px	15px	20px	30px	40px
150%-hdpi	10px	5px	7px	10px	14px	20px	27px
200%-xhdpi	10px	4px	5px	8px	10px	15px	20px
300%-xxhdpi	10px	3px	4px	5px	7px	10px	14px
400%-xxxhdpi	10px	2px	3px	4px	5px	8px	10px

2. SVG 格式

当选择导出为 SVG 格式时，如图 4-15 所示。一般来说，对于图标类的图层，可以选择这种格式进行导出。

如果以"嵌入"图像的形式导出图像，则位图图像会被编码为 SVG；如果以"链接"图像的形式导出图像，则会单独存储一个位图图像，并在 SVG

图 4-15

文件中引用该图像。究竟应选择哪种方式保存图像，建议可以事先与研发人员进行沟通。如果需要压缩图像，则可以勾选下面的"优化文件大小（缩小）"选项。

3. PDF 格式

当选择导出为 PDF 格式时，如图 4-16 所示。可以选择将多个画板或图层保存在一个 PDF 文档里面，也可以选择将每个画板或图层各自单独创建一个 PDF 文件。

图 4-16

4. JPG 格式

当选择导出为 JPG 格式时，如图 4-17 所示。和 PNG 格式相比，JPG 格式最多可以导出为 2x 尺寸的图像，另外还可以选择图像的品质。JPG 格式适合导出整个画板，便于展示 UI 设计。

图 4-17

4.2　Adobe XD 的共享

上一节讲到了 Adobe XD 画板和图层的导出方法，那么 Adobe XD 的交互原型应该怎么导出呢？Adobe

XD 的共享功能就能很好地解决这个问题。

　　Adobe XD 的共享功能非常强大且完善，简单来说，就是把设计的 XD 文档上传到云端，每个文档对应唯一的链接，任何人都可以通过该链接访问到该文档，并且可以直接在链接中进行交互原型的查看，还可以在下方进行评论，方便团队的沟通，甚至可以查看到每个图层的属性，方便程序员进行开发，设计师们也无须再对设计稿进行标注。

　　下面将讲解共享功能是如何实现的。

4.2.1　共享原型

1. 发布公开原型

　　单击 XD 标题栏右上角的"共享"图标 打开菜单，如图 4-18 所示。

　　在弹出的菜单中选择"发布原型"命令，打开图 4-19 所示的面板。

　　标题：Adobe XD 会默认把 XD 文档的名称设置为原型的标题，可以在此处进行更改。

　　在该面板中可以对共享的原型进行一些设置。

　　允许评论：默认情况下此选项处于选中状态，表示允许原型浏览者对原型进行评论，有关评论的内容会在后面讲到。

　　全屏打开：若勾选该选项，原型将以实际大小的 100% 全屏打开，如果设计无法以 100% 的比例在屏幕上显示，用户必须通过滚动来查看整个界面。

　　显示热点提示：和之前所讲的 Adobe XD App 中的热点提示功能类似，如果用户单击了原型中不可交互的区域，则可交互区域会出现提示。

　　需要密码：勾选此选项后可以设置密码，如图 4-20 所示，此时通过链接访问到该原型的用户，需要输入设置的密码才能查看原型。

图 4-18　　　　　　　　　　　图 4-19　　　　　　　　　　　图 4-20

　　设置的密码需要满足图中所提到的要求，当密码符合要求后，下面的"创建公共链接"按钮会变为可单击状态，然后单击该按钮即可发布原型。

　　网络上传速度不同，原型发布的速度就会有所不同。当原型发布成功后，界面如图 4-21 所示。

　　从图中可以看到，界面右上角出现 3 个图标，分别是"复制嵌入代码"图标 </>、"复制链接"图标 и "在浏览器中打开"图标 ，设计师可以根据需要进行选择。

如果 XD 文档有更新，可以单击下方的"更新"按钮，即可同步最新的原型，并且依然保持之前的链接；如果需要创建一个不同于之前的链接，则单击"新建链接"按钮。

这样便完成了原型的发布，并创建了该原型的专属链接，团队的任何成员都可以通过该链接查看原型。

2. 查看原型

当发布原型并复制链接分享给团队成员后，可以通过该链接来查看原型。

对于设置了密码的原型，在浏览器中打开时，需要先输入密码才可以对其进行访问，如图 4-22 所示。

输完密码后单击下面的"View（查看）"按钮，即可查看原型，如图 4-23 所示。单击右上角的"Sign In（登录）"，可以使用 Adobe ID 进行登录；单击下方的"评论"图标，即可对该原型进行评论。

图 4-21

图 4-22

图 4-23

需要注意的是，如果发布的是不带交互的 XD 文档，则所有画板都会被上传，用户可以使用键盘上的方向键进行界面的切换，画板顺序为从左到右，从上到下。如果发布的 XD 文档的原型有交互跳转，则只会共享与"主界面"画板关联的画板。

3. 发布私有原型

除了上面所讲的常规发布原型和查看原型的方法外，Adobe XD 还提供了发布私有原型。需要注意的是，Adobe XD 的共享功能会随着后续版本的迭代而发生变化，因此读者看到的最新版本的界面可能跟本书中的会有所不同。下面只对该功能做一个简单介绍。

首先，要发布私有原型，需要单击发布原型下面的"编辑私有链接"按钮，如图 4-24 所示。

单击该按钮后界面如图 4-25 所示。相对于公开原型，私有原型少了一个密码设置的选项，其他内容都相同，这是因为私有原型并非所有用户都可以通过该链接进行访问，所以设置密码意义不大。

单击"创建私有链接"按钮后，会跳转到邀请板块，如图 4-26 所示。在此处需要填写邀请查看原型者的电子邮箱地址，同时，也可以填写一些有关原型的说明，然后单击"邀请"按钮，Adobe XD 就会发送一封包含该原型链接和说明的电子邮件到所填写的邮箱地址中。

用户打开邮件后单击该链接，需要用 Adobe ID 账号登录才能查看原型。查看原型的方式和内容，与公开原型相同，在此不做重复介绍。

图 4-24

图 4-25

图 4-26

4.2.2　共享设计规范

1. 发布设计规范

通过发布原型的方式，可以很容易跟团队成员分享界面设计和交互跳转效果，但是对于程序员来说，如果能查看到每个图层的属性，以及图层与图层的间距就再好不过了，而这，可以通过发布设计规范来实现。

单击 XD 界面右上角的"共享"图标，然后选择"发布设计规范"命令，打开图 4-27 所示的面板。

和发布原型的方法类似，可以在此设置标题和密码，设置完成后单击"创建公共链接"按钮即可发布。发布完成后如图 4-28 所示，可以在右上角单击图标选择复制链接或者直接在浏览器中打开。

这样便完成了设计规范的发布，"私有设计规范"的发布和"私有原型"的发布方式完全相同，在此不做重复介绍。

图 4-27　　　　　　　　　图 4-28

2. 查看设计规范

和查看原型类似，对于有密码的设计规范，需要先输入密码才可以查看，而对于没有密码的设计规范，打开链接后如图4-29所示。

和原型相同，如果文档中带有交互，则只会显示与主界面相关联的画板。如果发现链接上出现画板缺失的情况，建议先在 Adobe XD 中检查是否所有画板都已经链接起来。

单击任意一个画板，会显示该画板所有的设计资源，如图4-30所示。按住 Shift 键，可以显示当前界面上的交互热点。

如果用鼠标单击画板中的任意图层，则会显示出该图层的详细属性，如图4-31所示。此时，可以移动鼠标查看该图层与其他图层的间距。

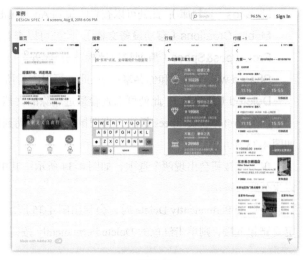

图 4-29

图 4-30

图 4-31

4.2.3　管理发布的链接

Adobe XD 允许对发布的链接进行管理，操作方法是单击 Adobe XD 标题栏右上角的"共享"图标，在打开的菜单中选择"管理发布的链接"命令，即可在浏览器中进入管理界面，如图4-32所示。

这实际上是跳转到了 Adobe Creative Cloud 的个人资源管理界面，在这里可以看到当前账号下所有的资源内容。

这个管理中心目前可能还会发生一定的变化，所以本书只做简单的介绍。左侧是管理的主菜单，有如下命令。

Files（文档）：此处可以查看电脑和 Creative

图 4-32

Cloud Files 同步的所有文档。

Libraries（资料库）：此处可以查看收集到 Adobe Libraries 中的所有内容。

Mobile Creations（移动设备文档）：此处可以查看用 Adobe App 创建的所有移动版文档。

Prototypes&Specs（原型和设计规范）：此处可以查看和管理 Adobe XD 发布的原型和设计规范。

Shared with You（和你共享的）：此处可以查看所有通过 Adobe XD 发布的私有原型和私有设计规范。

Deleted（回收站）：此处可以查看最近删除的文档。

回到 Prototypes&Specs 板块，当把鼠标光标移动到某一原型上时，标题右侧会出现更多按钮（3 个圆点），如图 4-33 所示。

单击该按钮会出现两个选项，如图 4-34 所示。其中 Copy Link 可以复制链接，而 Permanently Delete 则可以永久删除链接。

当单击 Permanently Delete 时，会弹出图 4-35 所示的警告弹窗，告知用户将是永久删除不可恢复，如果确定要删除链接，则单击红色的 Delete Permanently 按钮，即可永久删除。

图 4-33

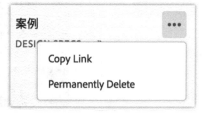

图 4-34

图 4-35

至此，Adobe XD 软件方面的内容就全部讲解完了。从下一章开始，将通过多个实例的练习强化读者对 Adobe XD 软件的掌握，同时也是将 Adobe XD 用于实际的设计工作中，继续探寻 Adobe XD 的奇妙之处。

第 2 部分

Adobe XD 设计实例

Xd   第 5 章　用 Adobe XD 设计图标

Xd   第 6 章　用 Adobe XD 设计 UI 界面

5.1 线框图标设计

使用 Adobe XD 可以设计出非常美观的图标，本节将介绍几个具有代表意义的线框图标的设计方法，希望能帮助读者熟练掌握这类图标的设计。

线框图标相对来说是比较容易设计的一类图标。线框图标一般是成套出现的，在实际工作中，设计一套线框图标，需要考虑到图标线条粗细的一致性，以及风格的统一性，即在视觉上需要给人一种这是一整套的感觉。

线框图标实质上就是使用几何图形对图标所代表的图像进行抽象化和简洁化。一般情况下，线框图标都是用来指示某个功能，所以当需要设计一个线框图标时，首先要思考该图标代表的是什么功能，而该功能一般用什么图形来表现，然后根据该图形进行线框图标的设计。如本节中的 3 个案例，分别是基于放大镜、灯泡、扳手这几个图形而进行的设计。

需要注意的是，线框图标是一种功能性的图标，相对于视觉性，功能性应该是首先需要考虑的问题，要让用户一眼就能看懂这个图标的含义。这也是一位 UI 或 UX 设计师所应具备的思维，希望读者在日常工作中，可以不断培养和提升自己的设计思维。

5.1.1 搜索图标设计

首先绘制一个搜索图标，这类图标最大的特点就是直接使用简单的形状进行组合即可，算是最简单的一类图标。通过这个案例，可以了解在 Adobe XD 中进行图标设计的基本思路。该案例需要用到"椭圆"工具、"直线"工具和布尔运算。图标的最终效果如图 5-1 所示。

图 5-1

01 新建一个 XD 文档，并按快捷键 E 激活"椭圆"工具，然后按住 Shift 键在画布上绘制一个 200px ×200px 的圆，如图 5-2 所示。

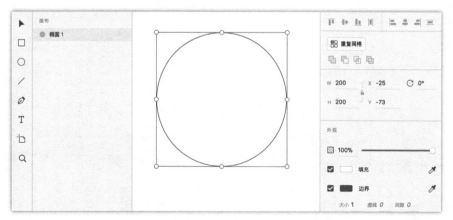

图 5-2

02 将所绘制的圆的"填充"去掉，然后将"边界"的"大小"设置为20px，如图5-3所示。

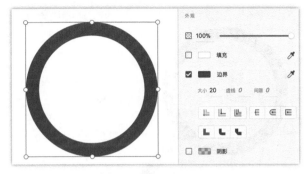

图 5-3

03 按快捷键 L 激活"直线"工具，然后按住 Shift 键绘制一条长度为100px的水平线，并设置该直线的"边界"的"大小"为20px，如图5-4所示。

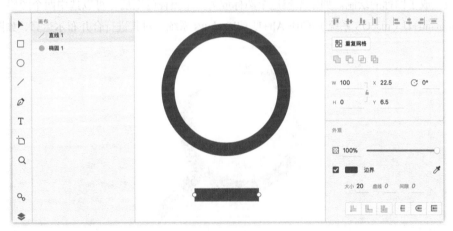

图 5-4

04 在属性检查器中输入45°，将该直线旋转45°，然后按快捷键 V 激活"选择"工具，接着将直线移动到圆的右下角居中的位置，移动时 Adobe XD 会出现辅助参考线，可以帮助设计师确定是否在合适的位置，如图5-5所示。

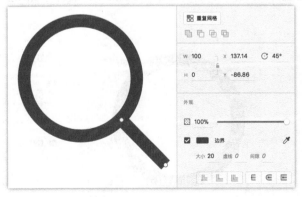

图 5-5

05 为了让图标看起来更加圆润,可以将直线描边的端点设置为圆形,如图 5-6 所示。

图 5-6

06 这样就完成了图标的绘制。如果希望这个图标成为一个整体的图层,可以选中两个图层,然后按快捷键 option+command+U(macOS 系统)/Ctrl+Alt+U(Windows 系统)对其进行合并布尔运算,如图 5-7 所示。

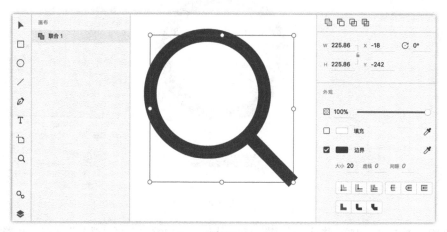

图 5-7

07 合并后搜索图标的端点又变成矩形了,这是因为进行布尔运算后,属性发生了变化,此时需要单击边界链接区域的图标,将其设置为圆角连接,端点就又变成圆形了,最后对该图层重命名,完成搜索图标的设计,如图 5-8 所示。

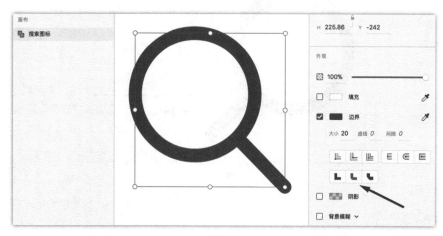

图 5-8

5.1.2　灯泡图标设计

下面绘制一个灯泡形状的图标，效果如图 5-9 所示。绘制这个图标，需要运用布尔运算，并从一开始就对路径进行调整。

图 5-9

01 按快捷键 E 激活"椭圆"工具，然后按住 Shift 键绘制一个 200px×200px 的圆，并去掉"填充"，接着将"边界"的"大小"设置为 20px，如图 5-10 所示。

02 按快捷键 R 激活"矩形"工具，绘制一个 100px×60px 的矩形，然后将圆角半径设置为 8，并去掉"填充"，接着将"边界"的"大小"设置为 20px，最后将其移动至图 5-11 所示的位置。

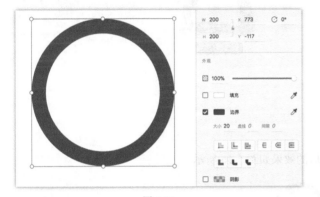

图 5-10

图 5-11

03 按快捷键 V 激活"选择"工具，选中圆形和矩形，然后按快捷键 option+command+U（macOS 系统）/Ctrl+Alt+U（Windows 系统）对其进行合并布尔运算，如图 5-12 所示。

04 按快捷键 command+8（macOS 系统）/Ctrl+8（Windows 系统）将其转换为路径，然后将"边界"的连接样式设置为圆角连接，如图 5-13 所示。

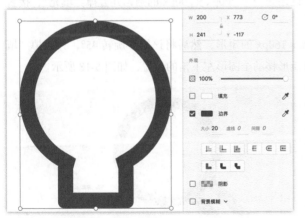

图 5-12

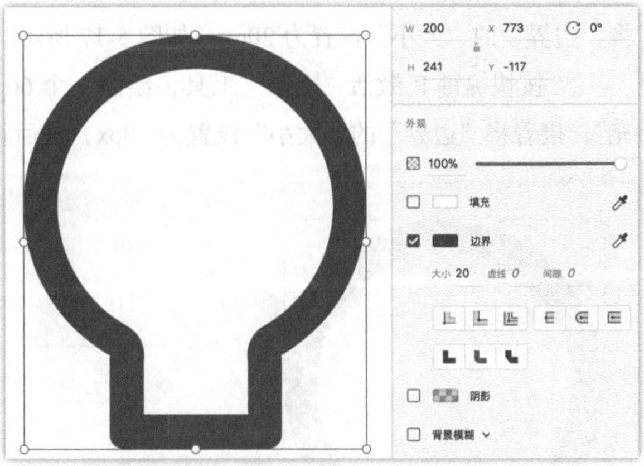

图 5-13

> ⚡提示　注意，将布尔运算图层转变为路径后，画板上可能看不出什么区别，但是图层列表中图层的图标已经变更为路径的图标了。

05 按 Enter 键进入编辑模式，然后按住 Shift 键只选中左下角的两个锚点，同时按键盘上的←键，将这两个锚点向左移动 10px，接着按住 Shift 键只选中右下角的两个锚点，同时按键盘上的→键，将这两个锚点向右移动 10px，如图 5-14 所示。

06 按 Esc 键退出编辑模式，然后按快捷键 L 激活"直线"工具，接着按住 Shift 键绘制一条长度为 60px 的直线，并将"边界"的"大小"设置为 20px，最后将端点设置为圆形，和上述图形居中对齐，距离间隔为 20px，如图 5-15 所示。设计完成后选中两个图层，使用布尔运算将其合并为一个图层，并对图标进行重命名。

图 5-14

图 5-15

5.1.3　扳手图标设计

绘制扳手图标需要多次运用布尔运算，绘制完成后的效果如图 5-16 所示。

图 5-16

01 按快捷键 E 激活"椭圆"工具，然后按住 Shift 键绘制一个 200px×200px 的圆，并去掉"填充"，接着将"边界"的"大小"设置为 20px，如图 5-17 所示。

02 按快捷键 R 激活"矩形"工具，绘制一个 60px×160px 的矩形，然后将该矩形旋转 45°，并去掉"填充"，接着将"边界"的"大小"设置为 20px，最后将矩形移动至圆形左下角的位置，如图 5-18 所示。

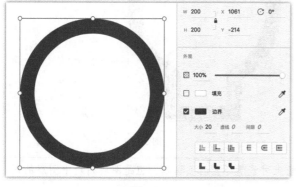

图 5-17

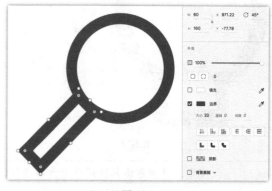

图 5-18

03 为了确保准确对齐，可以将画布放大，利用选中图层边框的位置来确保准确对齐；也可以选中两个图层，然后单击鼠标右键，在弹出的菜单中选择"对齐像素网格"命令，如图 5-19 所示。

04 选中矩形，按快捷键 command+D（macOS 系统）/Ctrl+D（Windows 系统）复制该矩形图层，然后把复制出来的矩形图层移动至图 5-20 所示的位置。

05 选中圆形和左下角的矩形，然后按快捷键 option+command+U（macOS 系统）/Ctrl+Alt+U（Windows 系统）对其进行合并布尔运算，如图 5-21 所示。

06 同时选中步骤 05 中合并的图层和右上角的图形图层，然后按快捷键 option+command+S（macOS 系统）/Ctrl+Alt+S（Windows 系统）对其进行减去顶层布尔运算，如图 5-22 所示。

07 将布尔运算后的图层的描边位置调整为中心描边，然后将连接方式调整为圆角连接，如图 5-23 所示，最后对图层重命名，完成扳手图标的设计。

图 5-19

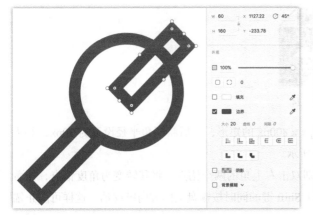

图 5-20

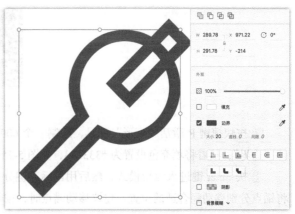

图 5-21

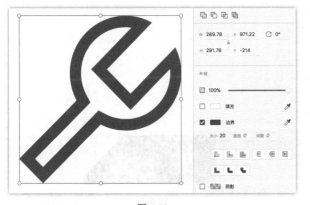

图 5-22

图 5-23

以上是使用 Adobe XD 绘制的 3 个线框图标实例，通过这 3 个实例可以发现，很多看似复杂的图形，往往都是由简单的几何图形通过各种组合并经过多次布尔运算得出的。如果单纯的布尔运算不能满足设计需求，还可以将其转变为路径，利用钢笔工具对锚点进行调整，以此达到设计的预期。

5.2 扁平图标设计

扁平图标只是一个约定俗成的称呼，一般来说，剪影图标和纯色设计的图标都可以称为扁平图标。本节用 3 个实例进一步讲解如何使用 Adobe XD 进行图标设计。

相对于线框图标来说，扁平图标有更多视觉层面的内容，但归根结底依然是用简单的图形通过各种组合和运算得出的。对于一些不规则的形状，可以通过调整锚点或者使用钢笔工具进行绘制。

需要注意的是，为了便于讲解，本书将图标分成了线框图标和扁平图标，但实际工作中，不用过分去纠结两者的区别，并且很多时候，扁平图标也是基于某个线框图标进行绘制而成的。在实际的设计工作中，建议读者抛开一切固有的理论，在合适的界面上，选择合适的内容即可。

5.2.1 图片文件图标设计

下面以绘制一个图片文件图标为例，讲解如何使用 Adobe XD 进行剪影图标的设计，最终效果如图 5-24 所示。通过该案例，可以了解使用 Adobe XD 设计扁平图标的基本思路，并学会如何通过删除锚点得到一个全新的图形。

图 5-24

01 按快捷键 R 激活"矩形"工具，绘制一个 600px × 800px 的矩形，然后将圆角半径设置为 30px，并去掉"边界"，接着将填充色设置为 #333333，如图 5-25 所示。

02 按 Enter 键进入编辑模式，然后用鼠标左键分别双击右上角的两个锚点，将其转变为角度锚点，接着将锚点分别移动到合适的位置，建议移动锚点时，按住 Shift 键的同时按键盘上的方向键移动，这样可防止锚点倾斜，如图 5-26 所示。

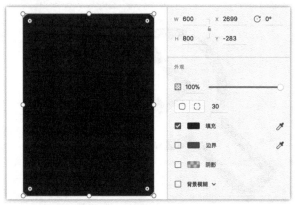

图 5-25

图 5-26

03 按快捷键 R 激活"矩形"工具，然后按住 Shift 键绘制一个 200px × 200px 的正方形，并去掉"边界"，填充色保持为 #FFFFFF，接着将其移动至图 5-27 所示的位置。

04 选中正方形，按 Enter 键进入编辑模式，然后选中右上角的锚点，按 Delete 键将其删除，此时正方形变成一个三角形，接着按 Esc 键退出编辑模式，将三角形尺寸缩小为 180px × 180px，最后移动到合适的位置，如图 5-28 所示。

图 5-27

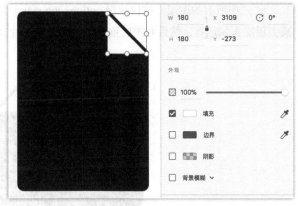
图 5-28

05 按快捷键 E 激活 "椭圆" 工具，然后按住 Shift 键绘制一个 60px × 60px 的圆，并去掉边界，移动至合适的位置，如图 5-29 所示。

06 按快捷键 R 激活 "矩形" 工具，然后按住 Shift 键绘制一个 120px × 120px 的正方形，并旋转 45°，接着将圆角半径设置为 10px，并去掉 "边界"，最后移动至合适的位置，如图 5-30 所示。

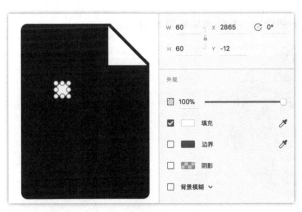
图 5-29

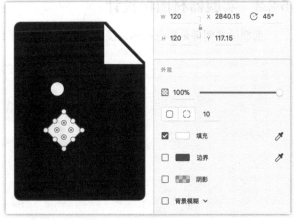
图 5-30

07 按 Enter 键进入编辑模式，删除底部的两个锚点，将其变为一个类似于三角形的形状，然后用鼠标左键分别双击最下方的两个锚点，将其转变为角度锚点，接着手动调整锚点到合适的位置，如图 5-31 所示。

08 按 Esc 键退出编辑模式，按快捷键 command+D（macOS 系统）/Ctrl+D（Windows 系统）复制该图层，然后将复制的图层尺寸修改为 150px × 150px，接着将其移动至合适的位置，并适当调整锚点的位置，如图 5-32 所示。

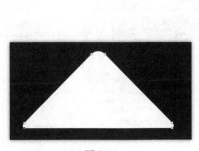
图 5-31

图 5-32

09 选中所有的图层，按快捷键 option+command+S（macOS 系统）/Ctrl+Alt+S（Windows 系统）对其执行减去顶层布尔运算，然后对图层重命名，即完成图片文件图标的绘制，如图 5-33 所示。

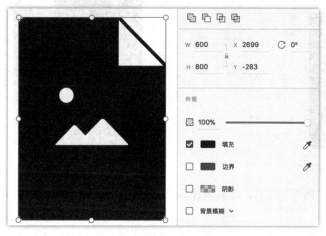

图 5-33

5.2.2　实验器材图标设计

前面的案例都是单色图标，接下来讲解彩色扁平图标的绘制，最终效果如图 5-34 所示。

图 5-34

01 按快捷键 E 激活"椭圆"工具，然后按住 Shift 键绘制一个 500px×500px 的圆，并去掉"边界"，接着将填充色设置为 #2DC9D0，如图 5-35 所示。

02 按快捷键 R 激活"矩形"工具，绘制一个 80px×10px 的矩形，并去掉"边界"，然后将填充色设置为 #FFFFFF，接着将矩形的圆角半径设置为 5px，最后将其移动至合适的位置，如图 5-36 所示。

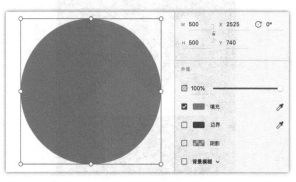

图 5-35

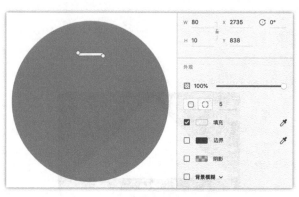

图 5-36

03 按快捷键 R 激活"矩形"工具，绘制一个 50px × 120px 的矩形，并去掉"边界"，然后将填充色设置为 #FFFFFF，接着将其移动至合适的位置，如图 5-37 所示。

04 按快捷键 E 激活"椭圆"工具，然后按住 Shift 键绘制一个 220px × 220px 的圆，并去掉"边界"，接着将填充色设置为 #FFFFFF，最后将其移动至合适的位置，如图 5-38 所示。

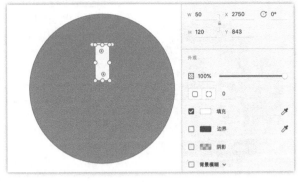

图 5-37

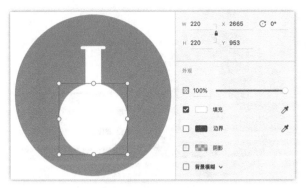

图 5-38

05 按快捷键 command+D（macOS 系统）/Ctrl+D（Windows 系统）复制一个圆，然后将复制的圆的大小调整为 200px × 200px，接着将填充色设置为 #FFCE35，最后使其和底部的圆居中对齐，如图 5-39 所示。

06 按快捷键 R 激活"矩形"工具，绘制一个 200px × 80px 的矩形，然后移动到图 5-40 所示的位置，确保矩形在黄色圆的上方。

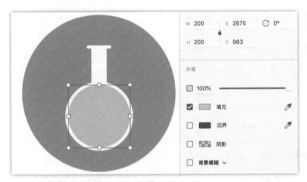

图 5-39

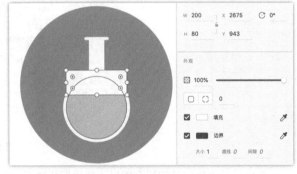

图 5-40

07 选中矩形和下方的黄色圆形，按快捷键 option+command+S（macOS 系统）/Ctrl+Alt+S（Windows 系统）对其执行减去顶层布尔运算，如图 5-41 所示。

08 按快捷键 E 激活"椭圆"工具，然后按住 Shift 键绘制一个 40px × 40px 的圆，并去掉"边界"，接着将填充色设置为 #FFFFFF，最后将其移动至合适的位置，如图 5-42 所示。

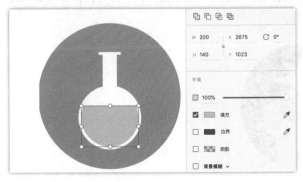

图 5-41

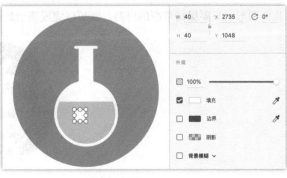

图 5-42

09 采用同样的方式绘制一个 16px×16px 的圆，并将其移动至合适的位置，如图 5-43 所示。

10 按快捷键 V 激活"选择"工具，然后用"选择"工具选中 40px×40px 的圆，并按住 option 键（macOS 系统）/Alt 键（Windows 系统）拖曳，可以复制并移动圆形图层，接着将复制的圆形移动至合适的位置，最后将填充色设置为 #FFCE35，如图 5-44 所示。

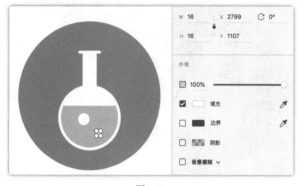 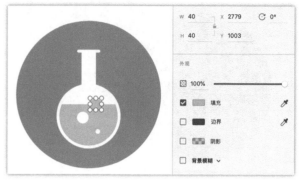

图 5-43　　　　　　　　　　　　　　　　　　　图 5-44

11 用"椭圆"工具绘制或者直接采用拖曳的方式复制一个圆，并将尺寸调整为 16px×16px，然后将填充色设置为 # FFCE35，接着将其移动至合适的位置，如图 5-45 所示。

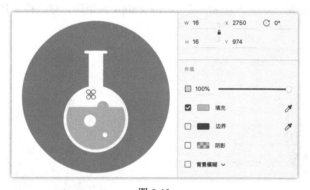

图 5-45

选中除蓝色底以外的所有图层，然后按快捷键 command+G（macOS）/Ctrl+G（Windows 系统）进行编组，接着将图层组调整至和底部蓝色圆居中对齐，完成实验器材图标的设计。

5.2.3　花朵图标设计

相对于之前的案例来说，这个案例稍微复杂一点，设计时需要弄清楚在进行布尔运算时图层与图层之间的关系，最终呈现的效果如图 5-46 所示。该案例也再一次说明，无论多么复杂的图标，都可以拆分成简单的几何图形，只要保持清晰的思路，就可以完成要求的设计。

图 5-46

01 按快捷键 E 激活"椭圆"工具，然后按住 Shift 键绘制一个 500px×500px 的圆，并去掉"边界"，接着将填充色设置为 #004753，如图 5-47 所示。

02 继续使用"椭圆"工具绘制一个 320px×100px 的椭圆，使其和底部的圆居中对齐，并去掉"边界"，然后将填充色设置为 #FF8686，最后移动至合适的位置，如图 5-48 所示。

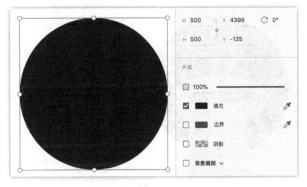
图 5-47

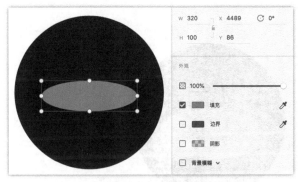
图 5-48

03 按快捷键 command+D（macOS 系统）/Ctrl+D（Windows 系统）复制一个椭圆，然后按住 Shift 键将其垂直向下移动到合适的位置，如图 5-49 所示。

04 按快捷键 E 激活"矩形"工具绘制一个矩形，矩形的高度取决于两个椭圆之间的距离，并去掉"边界"，然后将填充色调整为和椭圆一致，并和椭圆左对齐，接着复制一个相同的矩形和椭圆右对齐，如图 5-50 所示。

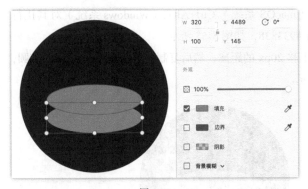
图 5-49

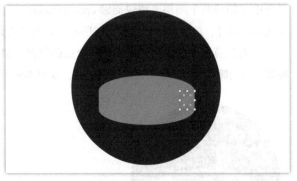
图 5-50

05 按快捷键 E 激活"椭圆"工具，绘制一个 250px×80px 的椭圆，并去掉"边界"，然后将填充色设置为 #B94C4C，接着将其移动至合适的位置，如图 5-51 所示。

06 连续按两次快捷键 command+D（macOS 系统）/Ctrl+D（Windows 系统）复制两个椭圆图层，然后将其中一个图层移动至图 5-52 所示的位置。

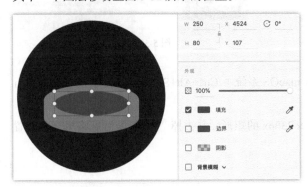
图 5-51

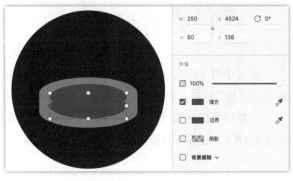
图 5-52

07 选中上下两个椭圆图层，按快捷键 option+command+I（macOS 系统）/Ctrl+Alt+I（Windows 系统）对其执行交叉布尔运算，然后将运算出来的图层的填充色设置为 #933838，如图 5-53 所示。

08 按快捷键 R 激活"矩形"工具，绘制一个 220px×330px 的矩形，并去掉"边界"，然后将填充色设置为 #FF8686，接着将其移动至合适的位置，如图 5-54 所示。

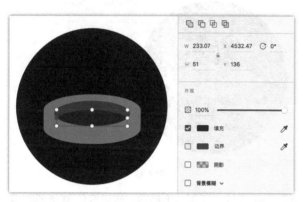

图 5-53

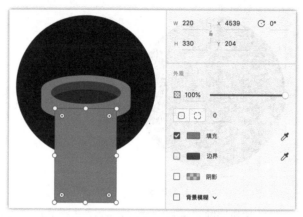

图 5-54

09 按快捷键 command+D（macOS 系统）/Ctrl+D（Windows 系统）复制一个矩形，然后选中尺寸为 320px×100px 的椭圆，按快捷键 command+D（macOS 系统）/Ctrl+D（Windows 系统）复制该椭圆，接着同时选中复制的两个图层，按快捷键 option+command+I（macOS 系统）/Ctrl+Alt+I（Windows 系统）对其执行交叉布尔运算，最后将运算出来的图层的填充色设置为 #933838，如图 5-55 所示。

10 将运算出来的图层向下移动到合适的位置，如下移 20px 的距离，然后复制一个 320px×100px 的椭圆，确保复制的椭圆位于运算出来的图层上方，如图 5-56 所示。

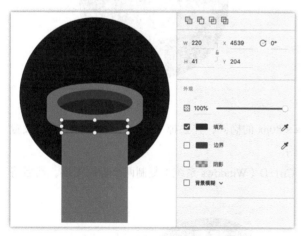

图 5-55

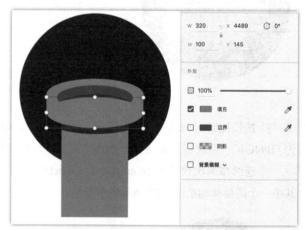

图 5-56

11 选中两个图层，按快捷键 option+command+S（macOS 系统）/Ctrl+Alt+S（Windows 系统）对其执行减去顶层布尔运算，如图 5-57 所示。

12 按快捷键 R 激活"矩形"工具，绘制一个 20px×230px 的矩形，并去掉"边界"，然后将填充色设置为 #2FD9CC，接着将其移动到图 5-58 所示的位置。

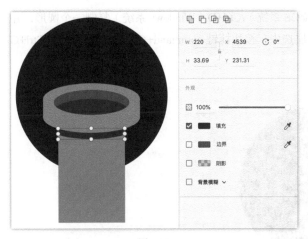

图 5-57

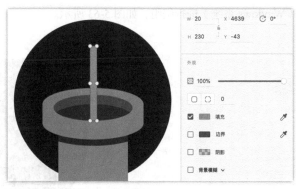

图 5-58

⓭ 按快捷键 E 激活"椭圆"工具，绘制一个 230px×40px 的椭圆，并去掉"边界"，然后将填充色设置为 #FFFFFF，接着将其移动至合适的位置，如图 5-59 所示。

⓮ 复制一个椭圆，然后将复制的椭圆旋转 90°，如图 5-60 所示。

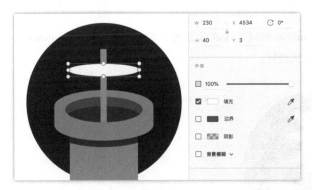

图 5-59

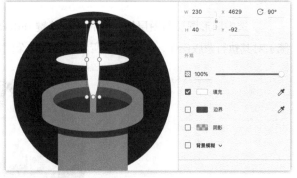

图 5-60

⓯ 再复制 2 个椭圆，分别将其旋转至图 5-61 所示的位置，然后将这两个椭圆的填充色设置为 #E3E3E3。

⓰ 按快捷键 E 激活"椭圆"工具，然后按住 Shift 键绘制一个 60px×60px 的圆，并去掉"边界"，然后将填充色设置为 #F0CF42，接着将其移动至合适的位置，如图 5-62 所示。

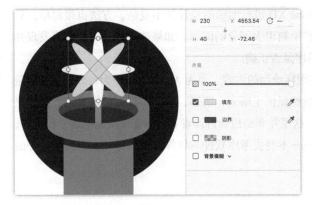

图 5-61

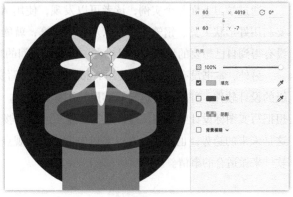

图 5-62

17 选中底部的圆，然后按快捷键 command+D（macOS 系统）/Ctrl+D（Windows 系统）复制一个圆形，并将其移动至所有图层的最上方，接着将下方的其他图层选中，按快捷键 command+G（macOS 系统）/Ctrl+G（Windows 系统）进行编组，如图 5-63 所示。

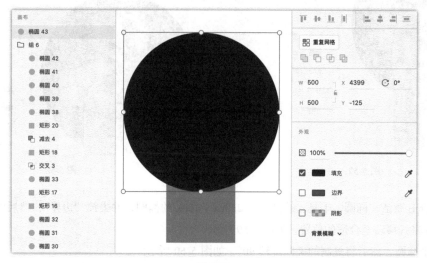

图 5-63

18 选中圆形图层与图层组，然后按快捷键 shift+command+M（macOS 系统）/Shift+Ctrl+M（Windows 系统）对其执行蒙版操作，如图 5-64 所示，完成花朵图标的设计。

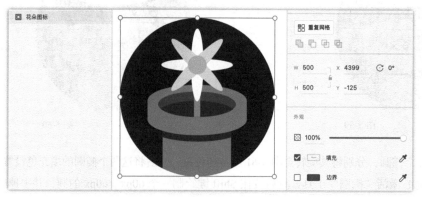

图 5-64

通过学习上面几个实例，读者可以发现，使用 Adobe XD 进行图标的设计并不复杂，方法也很简单，只要利用好形状工具、钢笔工具，以及布尔运算，就能够绘制出大部分的图标。如果读者经过布尔运算发现并没有得到自己想要的形状，可以检查一下图层之间的顺序是否正确。

另外，本书没有讲解如何使用 Adobe XD 进行写实图标绘制的内容，因为 Adobe XD 作为一款矢量且轻量级的设计软件，并不适合进行写实风格图标的绘制。虽然提供了渐变、阴影、模糊等属性的设置，但是如果想把写实图标设计到极致，或许这些功能还远远不够。这里并非是想告诉读者 Adobe XD 功能不够，相反的，这是未来的趋势，也是我一直以来想告诉读者的观点——不要去考虑软件与软件之间的好坏，而要用适合的软件来做适合的事情。

第 2 部分
Adobe XD 设计实例

Xd　第 5 章　用 Adobe XD 设计图标

Xd　第 6 章　用 Adobe XD 设计 UI 界面

6.1　UI 设计前的准备

在进行 UI 设计之前，需要做好以下准备工作。

（1）下载并打开与 UI 设计所属系统相对应的 UIkit，在本书第 1 章的 1.3 节已经介绍了在 Adobe XD 中如何找到 UIkit。

（2）了解并打开产品的设计规范文档。

（3）充分了解需要设计的界面的主要尺寸，一般由所设计的产品的用户终端占比来决定。

（4）充分了解用户画像，这对 UI 设计的视觉风格会产生很重要的影响。

（5）充分了解并熟悉产品的用户需求和商业需求。

这是在实际工作中，UI 设计师设计 UI 界面时需要做的基本准备工作。下面将通过一些常见的 UI 界面设计实例，进一步讲解 Adobe XD 软件的使用技巧。

6.2　登录界面的设计

在进行 App 设计时，往往容易忽略登录界面。登录界面的内容一般比较固定，设计也比较简单，下面通过 3 个实例讲解不同风格的登录界面的设计方法。

6.2.1　轻量化登录界面设计

该案例是目前 App 设计中采用比较多的一种登录注册界面形式，整个界面内容清晰、明确，给用户一种轻量化的感觉，最终效果如图 6-1 所示。

图 6-1

01 打开 Adobe XD，在欢迎界面中选择需要设计的画板尺寸并新建一个文档，然后将画板重命名为"登录01"，接着按快捷键 command+S（macOS 系统）/Ctrl+S（Windows 系统）保存该文档，如图 6-2 所示。

图 6-2

提示　　　因为考虑到界面的实用性，所以本书所有案例均采用 iPhone 8 的尺寸进行讲解。

02 因为使用的是 iPhone 8 尺寸的画板进行设计，所以需要打开下载的 iOS 的 UIKit，找到对应的 UIKit 文件，然后选择黑色的状态栏，按快捷键 command+C（macOS 系统）/Ctrl+C（Windows 系统）进行复制，如图 6-3 所示。

图 6-3

03 回到画板，按快捷键 command+V（macOS 系统）/Ctrl+V（Windows 系统）将状态栏粘贴到画板上，然后将其移动至合适的位置，如图 6-4 所示。

图 6-4

04 设计一个关闭图标，或者直接在下载的源文件中把图标拖入画板中，然后将图标尺寸调整为 20px×20px，接着将图标移动至合适的位置，最后将路径的填充色设置为 #333333，如图 6-5 所示。

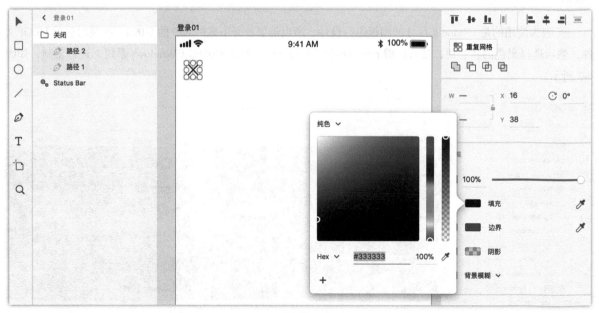

图 6-5

05 按快捷键 T 激活"文本"工具，在画板的合适位置输入标题文字"使用账号进行登录"，然后设置字体大小为 24px，字体为 PingFang SC（苹方简体），字重为 Semibold，接着将文本填充色设置为 #333333，如图 6-6 所示。

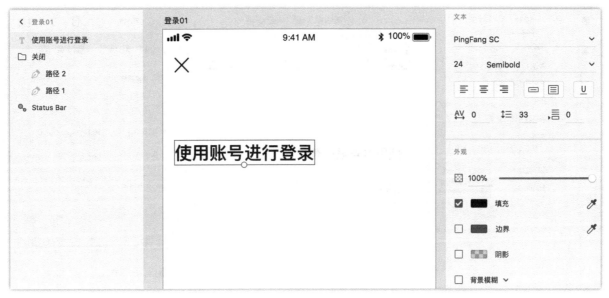

图 6-6

06 按快捷键 T 激活"文本"工具，输入文字"账号"，然后设置字体大小为 20px，字重为 Regular，接着按键盘上的 Esc 键退出编辑，并将文本移动至合适的位置。按快捷键 command+D（macOS 系统）/Ctrl+D（Windows 系统）将"账号"文本复制一份，再按 Shift+ 方向键将复制的文本移动至距离原文本 50px 的位置，并将文本对齐方式设置为左对齐，最后将文本修改为"手机号 / 邮箱 / 用户名"，并将字体颜色设置为 #999999，如图 6-7 所示。

图 6-7

07 按快捷键 L 激活"直线"工具，在距离文本下方 16px 的位置绘制一条长度为 343px 的直线。可以直接在右侧的属性检查器的宽度属性栏中输入 375–32，然后按键盘上的 Enter 键，其中 375 为画板的宽，32 为左右各 16px 的边距的和，接着设置直线的边界色为 #DDDDDD，最后将其与画板居中对齐，如图 6-8 所示。

图 6-8

08 选中步骤 06 和步骤 07 所创建的图层，然后按快捷键 command+G（macOS 系统）/Ctrl+G（Windows 系统）对其进行编组，接着按快捷键 command+R（macOS 系统）/Ctrl+R（Windows 系统）将其变为重复网格，如图 6-9 所示。

图 6-9

09 向下拉动重复网格的手柄，将网格复制一份，并调整网格间距，如图 6-10 所示。

图 6-10

10 选中下方的文字，将文本修改为图 6-11 所示的内容，然后单击画板的空白区域查看视觉效果，如果不满意，可以再做调整。

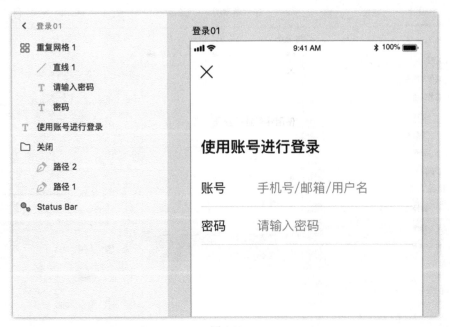

图 6-11

11 按快捷键 T 激活"文本"工具，然后在画板上输入文本"注册新账号"，接着将字体大小设置为 16px，字体颜色设置为 #096BCC，最后将其移动至合适的位置，如图 6-12 所示。

图 6-12

12 按快捷键 R 激活"矩形"工具，绘制一个 343px×60px 的矩形，然后设置圆角半径为 6px，并去掉边界，接着将填充色设置为 ##FFB238，最后使其和画板居中对齐，如图 6-13 所示。

图 6-13

13 按快捷键 T 激活"文本"工具，输入文字"登录"，然后设置字体大小为 20px，文字颜色为 #FFFFFF，并和上一步所绘制的矩形居中对齐，接着选中文本和矩形图层对其进行编组。因为这个界面需要输入账号信息才能单击"登录"按钮,所以在用户输入账号密码前,需要让这个按钮看起来是不可单击状态,因此直接按键盘上的数字键 5,将不透明度设置为 50%,如图 6-14 所示。

图 6-14

🔟 选中"注册新账号"文本图层,按快捷键 command+D(macOS 系统)/Ctrl+D(Windows 系统)复制一份,然后将复制的文本图层移动至距离画板底部 20px 的位置,并和画板居中对齐,接着将文本的对齐方式修改为居中对齐,最后将文本内容修改为"找回密码",并按键盘上的 Esc 键退出编辑,如图 6-15 所示。

图 6-15

至此就完成了轻量化登录界面的设计。为了更加规范,可以对该界面的图层进行整理,尤其需要注意图层的命名。

6.2.2　带键盘交互的登录界面设计

上一个案例讲解了基础登录界面的设计方法，本节这个案例需要将键盘融入界面中，并对登录按钮进行优化。本案例的最终效果如图 6-16 所示。

图 6-16

[01] 打开 Adobe XD，新建一个 iPhone 8 尺寸的文档，或者在上一个 XD 文档中，直接按快捷键 A 新建一个画板，并将该画板的填充色设置为 #007D80，如图 6-17 所示。

[02] 打开 iOS 的 UIkit 文件，然后选中白色的顶部状态栏和数字键盘，按快捷键 command+C（macOS 系统）/Ctrl+C（Windows 系统）复制一份，接着按快捷键 command+V（macOS 系统）/Ctrl+V（Windows 系统）在绿色的画板上粘贴，最后将其移动至合适的位置，如图 6-18 所示。

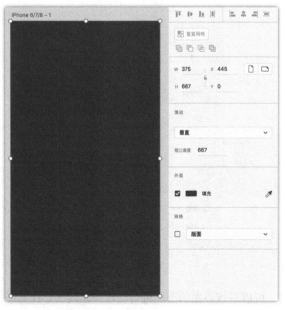

图 6-17

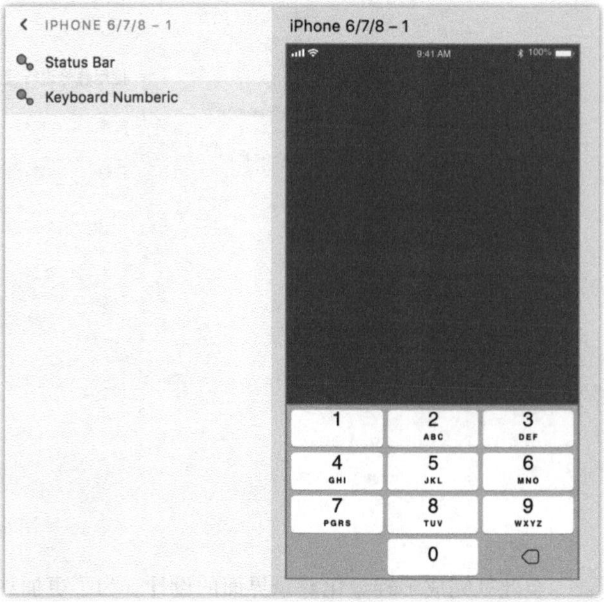

图 6-18

03 继续在 iOS 的 UIkit 中找到返回图标，并复制粘贴到画板中，然后将填充色设置为 #FFFFFF，接着将其移动至合适的位置，如图 6-19 所示。

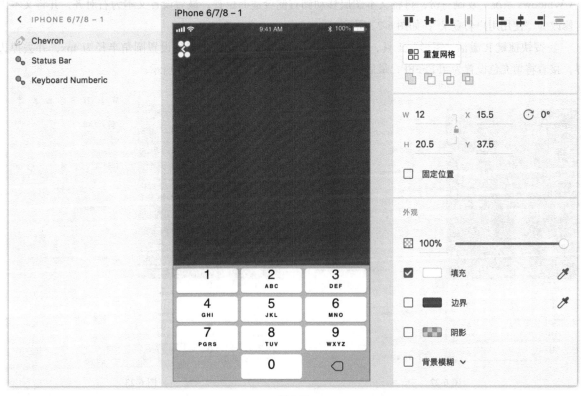

图 6-19

04 按快捷键 T 激活 "文本" 工具，然后在画板上输入文字 "忘记密码"，接着设置字体大小为 20px，字重为 Regular，填充色为 #FFFFFF，最后将其移动至合适的位置，如图 6-20 所示。

05 按快捷键 T 激活 "文本" 工具，然后在画板上输入文字 "登录"，接着设置字体大小为 36px，字重为 Regular，填充色为 #FFFFFF，如图 6-21 所示。

图 6-20　　　　　　　　　　　　　　　　　　　图 6-21

06 按快捷键 T 激活"文本"工具，然后在画板上输入文字"手机号"，并设置字体大小为 17px，字重为 Semibold，填充色为 #FFFFFF，接着选中"手机号"图层，并按快捷键 command+D（macOS 系统）/Command + D（Windows 系统）复制一份，再将文本图层移动到右侧合适的位置，最后设置文本为右对齐，并将文本内容修改为"使用用户名登录"，如图 6-22 所示。

07 按快捷键 R 激活"矩形"工具，绘制一个 50px × 30px 的矩形，然后设置圆角半径为 4px，并去掉边界，接着将填充色设置为 #FFFFFF，最后将其移动至合适的位置，如图 6-23 所示。

图 6-22

图 6-23

08 按快捷键 T 激活"文本"工具，输入文本 +86，然后设置字体大小为 17px，字重为 Semibold，字色为 #007D80，接着将其与矩形居中对齐，如图 6-24 所示。

09 按快捷键 L 激活"直线"工具，然后按住键盘上的 Shift 键，垂直向下绘制一条长度为 36px 的直线，接着设置边界大小为 2px，边界色为 #FFFFFF，最后将其移动至合适的位置，如图 6-25 所示。

图 6-24

图 6-25

⑩ 按快捷键 L 激活"直线"工具，然后按住键盘上的 Shift 键，从左到右水平绘制一条长度为 343px 的直线，接着设置边界大小为 1px，边界色为 #FFFFFF，最后将其移动至合适的位置，如图 6-26 所示。

⑪ 选中步骤 06～步骤 10 创建的图层，然后按快捷键 command+G（macOS 系统）/Ctrl+G（Windows 系统）对其编组，接着按快捷键 command+D（macOS 系统）/ Ctrl+D（Windows 系统）复制一份，最后将其向下移动至合适的位置，如图 6-27 所示。

图 6-26

图 6-27

⑫ 在复制的图层中将"手机号"的文本对齐方式设置为左对齐，然后将内容修改为"密码"，接着将"使用用户名登录"修改为"显示"，最后按快捷键 command+;（macOS 系统）/Ctrl+;（Windows 系统）隐藏矩形、+86 和垂直直线图层，如图 6-28 所示。

⑬ 按快捷键 R 激活"矩形"工具，绘制一个 375px×70px 的矩形，并去掉边界，然后设置填充色为 #FFFFFF，接着按键盘上的数字键 1，将不透明度设置为 10%，最后将其移动至合适的位置，如图 6-29 所示。

图 6-28

图 6-29

14 按快捷键 R 激活"矩形"工具，绘制一个 160px×30px 的矩形，然后将圆角半径设置为 15px，并去掉填充，接着设置边界大小为 1px，边界填充色为 #FFFFFF，最后将其移动至合适的位置，如图 6-30 所示。

15 按快捷键 T 激活"文本"工具，输入文字"手机动态密码登录"，然后设置字体大小为 17px，字重为 Regular，字色为 #FFFFFF，接着将其移动至合适的位置，如图 6-31 所示。

图 6-30

图 6-31

16 按快捷键 E 激活"椭圆"工具，按住键盘上的 Shift 键绘制一个 50px×50px 的圆，并去掉边界，然后将填充色设置为 #FFFFFF，接着按键盘上的数字键 7，将不透明度设置为 70%，最后将其移动至合适的位置，如图 6-32 所示。

17 选中左上角的"返回"图标，然后按快捷键 command+D（macOS 系统）/Ctrl+D（Windows 系统）复制一份，接着将复制的图标移动至圆上方，与圆居中对齐，最后将其旋转 180°，如图 6-33 所示。

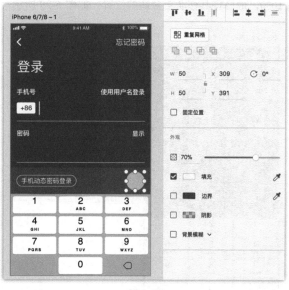

图 6-32

图 6-33

18 选中"返回"图标和圆，然后按快捷键 command+option+S（macOS 系统）/Ctrl+Alt+S（Windows 系统）执行减去顶层布尔运算，如图 6-34 所示。

图 6-34

至此已经基本完成该界面的设计，最后可以对图层的间距做一些调整，应在移动端的 Adobe XD 上看一下最终效果，并且对图层名称等做最后整理。

6.2.3　传统的登录界面设计

该案例将讲解比较常规且"大众化"的登录界面设计方法，最终效果如图 6-35 所示。

图 6-35

01 按快捷键 A 新建一个 iPhone 8 尺寸的画板，然后选择一张登录页面的背景图，将其拖曳到画板中，接着调整图片的显示范围，如图 6-36 所示。

图 6-36

> 提示
>
> 背景图的选择应与产品本身的调性以及内容相关，这里选择了一张风景照片。

02 按快捷键 R 激活"矩形"工具，绘制一个 375px × 667px 的矩形并和画板对齐，然后去掉边界，将填充色设置为 #011D26，接着将不透明度设置为 50%，如图 6-37 所示。

图 6-37

03 打开 iOS 的 UIkit 文件，选择白色的状态栏，并复制粘贴到画板中，然后将其移动至合适的位置，如图 6-38 所示。

图 6-38

04 按快捷键 T 激活"文本"工具，输入文字"登　录"，然后设置字体大小为 36px，字重为 Semibold，字色为 #FFFFFF，接着将其移动至合适的位置，如图 6-39 所示。

 提示 | 需要说明的是，一般情况下，此处建议放置产品的 LOGO，本案例中用文本替代。

05 按快捷键 R 激活"矩形"工具，绘制一个 310px×60px 的矩形，然后设置圆角半径为 30px，并去掉边界，接着将填充色设置为 #FFFFFF，再将不透明度设置为 30%，最后将其移动至合适的位置，如图 6-40 所示。

图 6-39　　　　　　　　　　　　　　　　　　　　图 6-40

06 按快捷键 T 激活"文本"工具，输入文字"请输入电子邮箱地址"，然后设置字体大小为20px，字重为 Regular，填充色为 #FFFFFF，不透明度为 50%，如图 6-41 所示。

07 按快捷键 R 激活"矩形"工具，绘制一个 30px×30px 的正方形，然后将其移动至图 6-42 所示的位置，其他属性保持默认即可。

图 6-41

图 6-42

08 选中步骤 05～步骤 07 所创建的图层对其进行编组，然后复制并粘贴图层组，接着将复制的图层组向下移动至合适的位置，如图 6-43 所示。

图 6-43

09 将复制的图层组中的文本修改为"请输入密码",如图 6-44 所示。

图 6-44

10 将一个邮箱的图标直接拖曳到步骤 07 所绘制的正方形上,系统会自动生成与该正方形大小相同的蒙版图层,如图 6-45 所示。

图 6-45

11 将填充色为 #FFFFFF 的密码图标直接拖曳到下面的正方形上，如图 6-46 所示。注意两个图标的风格和线条粗细应保持一致。

图 6-46

12 按快捷键 R 激活"矩形工具"，绘制一个 310px × 60px 的矩形，然后设置圆角半径为 30px，接着将填充色设置为 #FFB610，最后将其移动至合适的位置，如图 6-47 所示。

13 按快捷键 T 激活"文本"工具，输入文字"登录"，然后设置字号为 24px，字重为 Semibold，字色为 #FFFFFF，接着将其移动至合适的位置，如图 6-48 所示。

图 6-47

图 6-48

14 选中步骤 12 和步骤 13 所创建的图层将其编组，然后复制并粘贴，接着将复制的图层组向下移动至合适的位置，如图 6-49 所示。

⑮ 选中复制的圆角矩形并去掉填充，然后设置边界大小为 2px，颜色为 #FFB610，如图 6-50 所示。

图 6-49

图 6-50

⑯ 将最下方按钮的文本修改为"注册"，然后将文本颜色设置为 #FFB610，如图 6-51 所示。

图 6-51

至此就完成了该界面的设计。读者可以试着不断调整图层的不透明度，以及尝试为图片上方的深色矩形图层添加背景模糊等属性，以达到更好的视觉效果。

6.3　主界面的设计

在实际工作中，一般会先设计出最主要的几个界面，呈现出这款 App 的主要内容，以及主要的视觉风格。本节将通过两个实例讲解如何使用 Adobe XD 设计主界面。

6.3.1 App store 的 Today 界面设计

这个案例是 App Store 的 Today 界面，是如今比较流行的"大标题"设计风格的代表之一，在 Adobe XD 中可以方便快捷地设计出类似的界面，最终效果如图 6-52 所示。

图 6-52

01 在 Adobe XD 中新建一个 iPhone 8 尺寸的画板，然后打开 iOS 的 UIkit 文件，找到黑色的顶部状态栏和底部 5 个 icon 的 Tab 菜单栏，如图 6-53 所示。

02 将状态栏和菜单栏复制并粘贴到 Adobe XD 的画板中，然后移动至合适的位置，如图 6-54 所示。

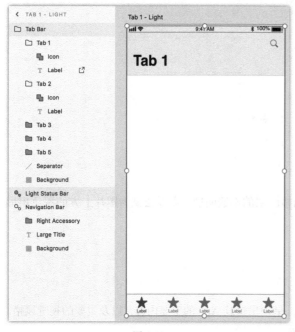

图 6-53

图 6-54

03 用设计好的 5 个图标，分别替换 Tab 菜单栏中的 5 个五角星图标，然后将图标下面的文本内容分别修改为 Today、Games、Apps、Updates 和 Search，如图 6-55 所示。

> 💡 提示 图标的设计方法在第 5 章中已经讲过，读者可以自己尝试设计，也可以直接从源文件中复制粘贴。

04 按快捷键 T 激活"文本"工具，输入文字 WEDNESDAY, SEPTEMBER 19，然后设置字号为 13px，字重为 Medium，字体为 SF UI Text，字色为 #000000，不透明度为 50%，接着将其移动至合适的位置，如图 6-56 所示。

图 6-55

图 6-56

05 在 iOS 的 UIkit 文件中找到 Large Tittle 图层，然后将其复制并粘贴到 Adobe XD 的画板中，如图 6-57 所示。

06 在 Adobe XD 中把大标题移动至合适的位置，然后修改内容为 Today，如图 6-58 所示。

图 6-57

图 6-58

07 按快捷键 E 激活"椭圆"工具，然后按住键盘上的 Shift 键，绘制一个 36px×36px 的圆，接着将其移动至合适的位置，如图 6-59 所示。

图 6-59

08 选择一张头像图片，将其拖曳到圆图层上方，系统会自动使用该图像进行填充，然后去掉边界，如图 6-60 所示。

09 按快捷键 R 激活"矩形"工具，绘制一个 335px×412px 的矩形，然后将矩形的圆角半径设置为 14px，并去掉边界，接着设置矩形的阴影填充色为 #000000，阴影填充色的不透明度为 14%，X 属性为 0，Y 属性为 16，B 属性为 16，如图 6-61 所示。

图 6-60

图 6-61

10 选择一张合适的图片，将其拖曳至矩形上方，使图片自动填充，然后调整显示内容，如图 6-62 所示。

> 💡 提示
>
> 该案例选择的是"纪念碑谷 2"中的图片，可以在纪念碑谷 2 的官网找到。

11 选中填充图片后的矩形图层，然后按快捷键 command+D（macOS 系统）/Ctrl+D（Windows 系统）复制一份，接着将复制的图层向下移动至合适的位置，如图 6-63 所示。

图 6-62

图 6-63

⑫ 再选择一张合适的图片,将其拖曳至下方的矩形上,替换之前的填充图片,然后将 Tab 菜单栏的图层组移动至画板图层列表的最上方,如图 6-64 所示。

⑬ 按快捷键 T 激活"文本"工具,输入文字 WORLD PREMIERE,然后设置字体为 SF UI Text,字体大小为 15px,字重为 Semibold,字色为 #FFFFFF,不透明度为 70%,接着将其移动至合适的位置,如图 6-65 所示。

图 6-64

图 6-65

⑭ 按快捷键 T 激活"文本"工具,输入文字 The Art of the Impossible,然后设置字体大小为 28px,字体为 SF UI Display,字重为 Bold,字色为 #FFFFFF,接着将其移动至合适的位置,如图 6-66 所示。

图 6-66

最后整体调整图层的间距,然后对图层进行重命名和分组整理,即可完成该界面的设计。

6.3.2 旅游 App 的首页设计

该案例是在前面的知识讲解中出现过的一个界面，希望读者通过这个案例可以感受到 Adobe XD 的"重复网格"功能在 UI 设计中的重要作用，该界面的最终效果如图 6-67 所示。

图 6-67

01 新建一个 iPhone 8 尺寸的画板，然后打开 iOS 的 UIkit 文件，找到黑色的顶部状态栏，复制并粘贴到 Adobe XD 的画板中，接着将其移动至合适的位置，如图 6-68 所示。

02 按快捷键 R 激活"矩形"工具，绘制一个 335px×50px 的矩形，然后设置矩形的圆角半径为 4px，接着将其移动至合适的位置，并去掉填充，最后将边界色设置为 #E8E8E8，同时添加阴影属性，阴影色为 #000000，不透明度为 16%，X 值和 Y 值为 0，B 值为 6，如图 6-69 所示。

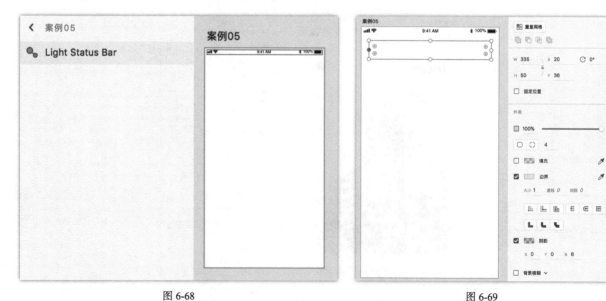

图 6-68   图 6-69

03 将搜索图标拖到 Adobe XD 的画板上，然后将大小调整为 30px×30px，接着设置填充色为 #000000，不透明度为 20%，最后将其移动至合适的位置，如图 6-70 所示。

04 按快捷键 T 激活 "文本" 工具，输入文字 "搜'上海'试试，全网最低价为您呈现"，然后设置字体大小为 15px，字重为 Regular，填充色为 #666666，不透明度为 50%，如图 6-71 所示。

提示	一般情况下，搜索框中的默认文本可以考虑使用一些引导性的文案，而非单纯的 "搜索" 二字。

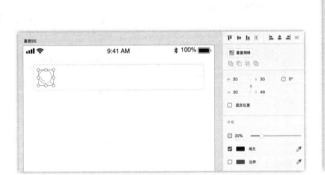

图 6-70   图 6-71

05 按快捷键 R 激活 "矩形" 工具，绘制一个 198px×30px 的矩形，然后设置圆角半径为 4px，边界填充色为 #666666，不透明度为 30%，接着将其移动至合适的位置，如图 6-72 所示。

06 按快捷键 T 激活 "文本" 工具，输入文字 "设置时间看看全网低价好地"，然后设置字体大小为 15px，字重为 Regular，填充色为 #999999，接着将其和矩形居中对齐，如图 6-73 所示。

图 6-72   图 6-73

07 按快捷键 T 激活"文本"工具，输入文字"超值好地，说走就走"，然后设置字体大小为 20px，字重为 Semibold，字色为 #333333，接着将其调整至合适的位置，如图 6-74 所示。

08 按快捷键 R 激活"矩形"工具，绘制一个 160px × 100px 的矩形，然后设置圆角半径为 4px，并去掉边界，接着将其移动至合适的位置，如图 6-75 所示。

> 提示　为了能看清楚矩形的位置，可以给矩形设置任意填充色。

图 6-74　　　　　　　　　　　　　　　　　　图 6-75

09 按快捷键 T 激活"文本"工具，输入文字"往返含税机票·5 晚酒店"，然后设置字体大小为 10px，字重为 Regular，字色为 #333333，接着将其移动至合适的位置，如图 6-76 所示。

10 按快捷键 T 激活"文本"工具，输入文字"上海·苏州·杭州六日游"，然后设置字体大小为 12px，字重为 Medium，字色为 #333333，接着将其调整至合适的位置，如图 6-77 所示。

图 6-76　　　　　　　　　　　　　　　　　　图 6-77

⑪ 按快捷键 T 激活"文本"工具，输入文字"¥300/ 天起"，然后设置字体大小为 10px，字重为 Regular，字色为 #333333，接着将其移动至合适的位置，如图 6-78 所示。

⑫ 选中文本"300"，然后设置字体大小为 20px，字重为 Bold，字色为 #D30707，接着重新移动该图层至合适的位置，如图 6-79 所示。

图 6-78

图 6-79

⑬ 选中矩形和文本图层，然后单击右侧属性检查器中的"重复网格"按钮，接着向右拖动复制两个相同的图层组，如图 6-80 所示。

图 6-80

⑭ 此时可以看到，默认间距下第 3 块内容没有显示出来，这样可能会给用户造成困扰，使用户不清楚右侧还有没有内容，所以需要将网格间距调整至 10px，如图 6-81 所示。

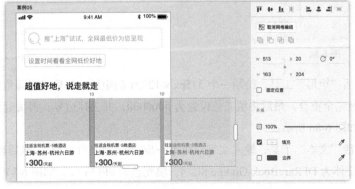

图 6-81

15 用鼠标左键双击需要修改的文本图层，输入要修改的内容，如图 6-82 所示。

16 根据文本的内容找 3 张对应的图片，然后将文件分别命名为 1.jpg、2.jpg、3.jpg，以方便按顺序填充，接着选中 3 张图片直接拖曳到重复网格上的任意一个矩形上释放，图片会自动填充，如图 6-83 所示。

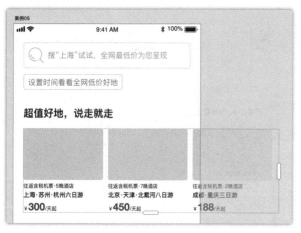

图 6-82

图 6-83

17 按快捷键 R 激活"矩形"工具，绘制一个 335px×120px 的矩形，然后将圆角半径设置为 4px，并去掉边界，接着将其移动至合适的位置，如图 6-84 所示。

18 选择一张图片，将其拖曳到矩形上方，然后用鼠标左键双击调整图片的填充内容，如图 6-85 所示。完成后单击画布任意区域退出编辑模式。

图 6-84

图 6-85

19 按快捷键 R 激活"矩形"工具，绘制一个 335px×120px 的矩形，然后设置圆角半径为 4px，接着将其移动至上述矩形上方至完全重合，最后将填充色设置为 #000000，并去掉边界，再按键盘上的数字键 2，将不透明度设置为 20%，如图 6-86 所示。

20 按快捷键 T 激活"文本"工具，输入文字"简单一步 重新定义自由行"，然后调整文字的位置，并设置字体大小为 30px，字体为 DFRareBook-Ginkgo SC24，填充色为 #FFFFFF，如图 6-87 所示。

图 6-86

图 6-87

21 按快捷键 R 激活"矩形"工具，然后按住键盘上的 Shift 键绘制一个 50px × 50px 的正方形，接着将其移动至合适的位置，如图 6-88 所示。

22 选择一个合适的图标文件拖曳到正方形上，系统会自动用该图标进行填充，如图 6-89 所示。

图 6-88

图 6-89

23 按快捷键 T 激活"文本"工具，输入文字"全网最低价"，然后设置字号为 15px，字重为 Bold，字色为 #333333，接着将其移动至合适的位置，如图 6-90 所示。

24 选中图标和文本，按快捷键 command+G（macOS 系统）/Ctrl+G（Windows 系统）进行编组，然后按快捷键 command+D（macOS 系统）/Ctrl+D（Windows 系统）复制两个图层组，接着将复制的图层组移动至合适的位置，如图 6-91 所示。

图 6-90

图 6-91

㉕ 替换图标和文本内容，如图 6-92 所示。

㉖ 按快捷键 R 激活"矩形"工具，绘制一个 375px × 60px 的矩形，将其移动至底部与画板对齐，然后去掉边界，并将填充色设置为 #FFFFFF，接着设置阴影属性的 Y 值为 –1，X 值和 B 值为 0，如图 6-93 所示。

图 6-92

图 6-93

㉗ 按快捷键 R 激活"矩形"工具，然后按住键盘上的 Shift 键绘制一个 30px × 30px 的正方形，接着将其移动至合适的位置，如图 6-94 所示。

㉘ 按快捷键 T 激活"文本"工具，输入文字"首页"，然后设置字体大小为 10px，字重为 Regular，字色为 #333333，接着将其移动至合适的位置，如图 6-95 所示。

图 6-94

图 6-95

㉙ 选中矩形和文本，按快捷键 command+G（macOS 系统）/Ctrl+G（Windows 系统）进行编组，然后按快捷键 command+D（macOS 系统）/Ctrl+D（Windows 系统）复制两个图层组，接着将复制的图层组移动至合适的位置，如图 6-96 所示。

㉚ 找到合适的图标，将其分别拖曳到对应的正方形中，如图 6-97 所示。

图 6-96

图 6-97

㉛ 选中第 1 个图标的所有路径，然后将路径的填充色设置为 #FD6161，如图 6-98 所示。

㉜ 将首页图标下方的文字字重设置为 Bold，字色设置为 # FD6161，然后将其他文本分别修改为"行程"和"我的"，如图 6-99 所示。最后整理图层，完成该界面的设计。

图 6-98   图 6-99

6.4 内容界面的设计

内容界面的设计风格往往是跟着主界面走，而具体的内容则根据产品需求来定。因为这类页面承载着内容，所以是用户停留时间最长的界面，在设计的时候，需要充分考虑如何将用户观看内容的体验做到最优。不同的产品，其内容界面完全不同。在这里，将以 App store 的内容页为例，讲解这类界面的设计方法。

App store 的内容页设计

这个案例是用户在单击 App store 的 Today 板块中的文章时跳转到的界面，具体效果如图 6-100 所示。

图 6-100

01 新建一个 iPhone 8 尺寸的画板，然后按快捷键 R 激活"矩形"工具，绘制一个 375px×490px 尺寸的矩形，接着去掉边界，并使其和画板顶部对齐，如图 6-101 所示。

02 找到"App store 的 Today 界面设计"案例中的插图，将其拖曳到画板中，然后选中位图和矩形，按快捷键 command+shift+M（macOS 系统）/Ctrl+Shift+M（Windows 系统）将其合并为蒙版图层，如图 6-102 所示。

图 6-101

图 6-102

03 在"App store 的 Today 界面设计"案例中选中 WORLD PREMIERE 和 The Art of the Impossible 文本图层，然后将其复制粘贴到该画板上，并移动至合适的位置，如图 6-103 所示。

04 将"关闭"图标拖曳到画板中，然后将其大小调整为 28px×28px，接着移动至图 6-104 所示的位置。

图 6-103

图 6-104

05 按快捷键 T 激活"文本"工具，输入该内容的介绍文本，然后设置字体大小为 19px，如图 6-105 所示。

图 6-105

> **提示** 因为是一大段文字，所以需要选择为块文本。文本的内容根据自己的喜好任意输入即可，但是建议读者在进行实际 UI 设计时，尽可能使用真实文案填充。

到这里便完成了该界面的设计。如果需要完整展示该界面的内容，可以选中画板，然后调整画板的尺寸即可。

6.5 个人中心界面的设计

用户的基本信息和与账号相关的操作都在个人中心界面完成，这个界面一般会存在已登录与未登录两种状态，该界面也一般以列表为主。本节将通过一个实例讲解如何使用 Adobe XD 设计这类界面。

App store 的个人中心界面设计

下面以 App store 的个人中心界面为例，讲解如何用最高效的方式在 Adobe XD 中完成个人中心界面的设计。最终效果如图 6-106 所示。

图 6-106

01 在 Adobe XD 的画布上新建一个 iPhone 8 尺寸的画板，然后打开 iOS 的 UIkit 文件，找到黑色的顶部状态栏和标题栏，并将其复制粘贴到画板上，如图 6-107 所示。

02 选中标题栏图层组，删除标题栏下的直线图层和左侧的蓝色文本图层，然后将标题文本内容修改为"账户"，可以看到直接修改并没有达到预期的视觉效果，所以需要将字体设置为 PingFang SC，字重设置为 Semibold，其他保持不变，如图 6-108 所示。

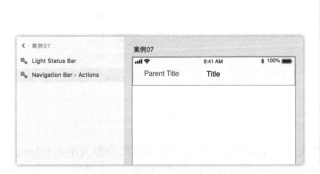

图 6-107

图 6-108

03 按快捷键 T 激活"文本"工具，输入文字"完成"，然后将其移动至距离画板右边距 16px 的位置，接着将填充色设置为 #1786FF，如图 6-109 所示。

04 选中画板，将填充色设置为 #F1F1F8，如图 6-110 所示。

图 6-109

图 6-110

05 选中标题栏的背景图层,将填充色设置为 #FFFFFF,其他保持不变,如图 6-111 所示。

06 按快捷键 R 激活"矩形"工具,绘制一个 375px×70px 的矩形,并去掉边界,然后将其移动至合适的位置,如图 6-112 所示。

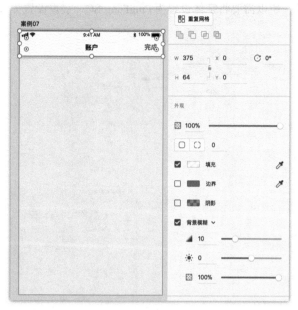

图 6-111

图 6-112

07 按快捷键 L 激活"直线"工具,绘制一条长度为 375px 的直线,然后设置直线的边界大小为 0.5px,填充色为 #C8C7CC,接着复制该图层,分别将两条直线移动至矩形的顶部和底部,如图 6-113 所示。

08 按快捷键 T 激活"文本"工具,输入用户名,然后设置字体大小为 17px,字重为 Regular,字色为 #000000,接着将其移动至合适的位置,如图 6-114 所示。

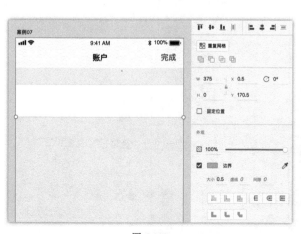

图 6-113

图 6-114

09 按快捷键 T 激活"文本"工具，输入邮箱地址，然后设置字体大小为 14px，字重为 Regular，字色为 #929296，接着将其移动至合适的位置，如图 6-115 所示。

10 设计一个图 6-116 所示的图标，然后将图标大小设置为 10px，并移动至合适的位置。

图 6-115　　　　　　　　　　　　　　　　　　　图 6-116

11 选中步骤 06～步骤 10 所创建的图层将其编组，然后按住快捷键 option（macOS 系统）/Alt（Windows 系统）并拖曳鼠标对图层组进行复制，接着将复制的图层组中的矩形图层的高度调整为 50px，最后删除电子邮箱文本图层，并将其他图层移动至合适的位置，如图 6-117 所示。

12 将新的图层组复制一份，并移动至合适的位置，然后将文本分别修改为"已购项目"和"个性化"，如图 6-118 所示。

图 6-117　　　　　　　　　　　　　　　　　　　图 6-118

13 再复制一个图层组并去掉箭头图标，然后将矩形的高度调整为 97px，并移动上下两条直线的位置，再复制任意一条直线，接着将复制的直线和矩形居中对齐，最后将直线的长度设置为 349px，并移动至画板右侧边缘，如图 6-119 所示。

图 6-119

14 将图层组中的文本复制一份并粘贴到合适的位置，然后将文本填充色设置为 #1786FF，接着将文本内容修改为"兑换礼品卡或代码"和"为 Apple ID 充值"，如图 6-120 所示。

15 将步骤 12 中的图层组复制一份，然后移动至合适的位置，接着将文本颜色设置为 #1786FF，最后将文本内容修改为"退出登录"，并删除图标图层，如图 6-121 所示，完成该界面的设计。

图 6-120

图 6-121

通过对本章案例的学习，相信读者已经基本掌握了用 Adobe XD 设计 UI 界面的方法。希望读者通过学习这些案例掌握 UI 设计的思维，培养出适合自己的设计方式，以此提升自己的设计效率。

在进行 UI 设计时，编组是一个非常重要的思维，UI 界面不同于平面设计，里面的内容都是有层级关系的，对于同一层级的内容来说，样式往往相同，采用编组复制修改内容的方法能极大地提高设计效率。这和 Adobe XD 中的"重复网格"功能相同。

另外，在实际的 UI 设计工作中，读者完全没有必要根据案例上具体的参数进行一模一样的设计，任何设计都不应有对错之分，只有是否合适之说，应根据实际情况选择最适合当前产品的设计，而这些，需要读者在工作中不断积累和提升。

第 3 部分
Adobe XD 和第三方应用的衔接

Xd **第 7 章　将外部资源导入 Adobe XD**

Xd **第 8 章　Adobe XD 与蓝湖的衔接**

Xd **第 9 章　用 ProtoPie 与 Adobe XD 衔接
制作交互动效**

7.1　PSD 文件的导入

　　Adobe XD 作为 Adobe 公司的重点产品，和 Adobe 市场占有率较高的两款软件 Photoshop 和 Illustrator 的兼容是一件理所当然的事情。

　　将 PSD 文件导入 Adobe XD 中有两种方法：一种是将 Photoshop 中的内容复制到 Adobe XD 的画布中，另一种是直接打开 PSD 文件。本节将讲解具体的导入方法。

7.1.1　在 Photoshop 中复制内容

　　Adobe 公司一直在加强 XD 和 Photoshop 的衔接功能，目前要复制 Photoshop 中的内容，需要按照以下步骤操作。

　　01 在 Photoshop 中选中需要复制的图层，然后按快捷键 M 激活"矩形选框工具"，框选需要复制的内容，接着按快捷键 command+C（macOS 系统）/Ctrl+C（Windows 系统）进行复制，如图 7-1 所示。

图 7-1

　　02 打开 Adobe XD，然后按快捷键 command+V（macOS 系统）/Ctrl+V（Windows 系统）粘贴，即可把内容粘贴到 Adobe XD 中，如图 7-2 所示。可以看到，通过这种方法粘贴过来的图层在 Adobe XD 中是位图图层。

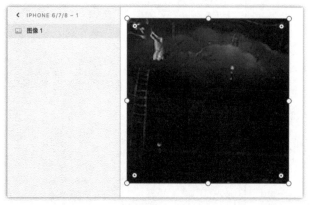

图 7-2

03 采用同样的方法在 Photoshop 中选中文本图层，然后将其粘贴到 Adobe XD 中，会发现文本图层依然是以位图图层的形式存在，如图 7-3 所示。

图 7-3

如果希望从 Photoshop 中复制的文本和形状图层，在 Adobe XD 中能继续编辑，可以按照以下步骤实现。

01 在 Photoshop 中选中需要复制的图层（文本图层或形状图层），然后在图层列表中单击鼠标右键，在弹出的菜单中选择"复制 SVG"命令，如图 7-4 所示。

图 7-4

02 在 Adobe XD 中按快捷键 command+V（macOS 系统）/Ctrl+V（Windows 系统），即可把内容粘贴到 Adobe XD 的画板中，如图 7-5 所示。可以看到，在 Adobe XD 中粘贴出来的依然是文本图层。

图 7-5

03 在 Photoshop 中选中形状图层，然后在图层面板上单击鼠标右键，在弹出的菜单中选择"复制 SVG"命令，如图 7-6 所示。

04 在 Adobe XD 中按快捷键 command+V（macOS 系统）/Ctrl+V（Windows 系统）进行粘贴，如图 7-7 所示。复制的对象会以路径图层的形式粘贴到画板中，可以用鼠标左键双击该图层，直接进入编辑模式。

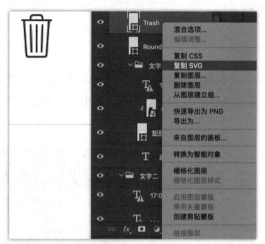

图 7-6

图 7-7

以上是将内容从 Photoshop 中复制到 Adobe XD 中的方法，设计师可以根据实际情况进行选择。一般情况下，对于位图图层，用选框工具选中后复制粘贴即可，而对于文本以及形状图层，可以复制 SVG 属性后粘贴到 Adobe XD 中，完成和 Photoshop 的无缝衔接。

7.1.2 用 Adobe XD 打开 PSD 文件

除了可以直接从 Photoshop 中复制内容外，Adobe XD 还支持直接打开 PSD 文件，如图 7-8 所示。选中某个 PSD 文件，然后选择打开方式为 Adobe XD，即可直接打开该文件。

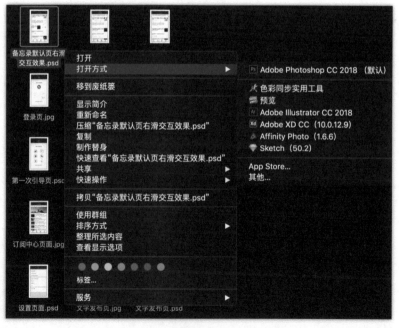

图 7-8

在 Adobe XD 中打开 PSD 文件后，会发现图层完全和 Photoshop 中的一致，如图 7-9 所示。但 PSD 中的一些隐藏图层的隐藏属性在 Adobe XD 中可能会失效，这时需要手动选中这些隐藏属性失效的图层重新对其设置隐藏。笔者相信随着 Adobe XD 的不断更新，这个问题一定会解决。

图 7-9

通过这种方式打开的 PSD 文件，相当于重新创建了一个 XD 文档，当按快捷键 command+S（macOS 系统）/Ctrl+S（Windows 系统）保存时，会弹出保存对话框，默认会使用 PSD 文档的名称命名，但保存后会生成以 .xd 为后缀的文件，原 PSD 文件不受影响，如图 7-10 所示。这意味着，通过 Adobe XD 打开的 PSD 文件，在 Adobe XD 中修改后，PSD 文件并不会同步变动。

图 7-10

除此之外，因为 Photoshop 是位图软件，而 Adobe XD 是矢量软件，所以并非所有的 PSD 文件在 Adobe XD 中打开都能以 100% 的比例显示效果，如部分羽化、渐变等效果到本书截稿时暂不支持，表 7-1 是截至 2018 年 8 月 Adobe XD 打开 PSD 文件时所支持与不支持的内容。

表 7-1 截至 2018 年 8 月 Adobe XD 打开 PSD 文件时所支持与不支持的内容

功能	Adobe XD 是否支持	部分支持中支持或不支持的内容
形状和路径	部分支持	1. 无法导入浓度和羽化功能 2. 旋转形状始终会作为路径引入，无论其原始类型是什么（矩形、椭圆等）
图像	全部支持	
滤镜	部分支持	仅支持高斯模糊
填充和阴影	部分支持	1. 不支持以下类型的填充 ● 图案填充 ● 多个阴影 ● 内阴影 ● 填充不透明度 ● 角度、对称或菱形渐变填充 2. 不支持以下投影属性 ● 混合模式 ● 跨页 ● 等高线 ● 杂色 ● 挖空 ● 消除锯齿 3. 不支持渐变填充的透明度色标和中间点
边界	部分支持	不支持渐变和图案
渐变	部分支持	1. 不支持以下渐变 ● 角度渐变 ● 对称渐变 ● 菱形渐变 2. 不支持常规色标中转换的透明度色标和中间点
不透明度	完全支持	
描边效果	完全支持	
图像效果	部分支持	以下效果在转移到 XD 时将被栅格化 ● 内阴影 ● 斜面 ● 浮雕 ● 发光 ● 光泽 ● 颜色叠加 ● 渐变叠加 ● 图案叠加 ● 投影
蒙版	部分支持	不支持以下效果 ● 浓度和羽化 ● 剪切层上的效果 ● 图层蒙版在 XD 中将作为蒙版矩形导入
叠加	部分支持	矢量形状上的效果将覆盖形状的原始填充，每个叠加效果在转移到 XD 时将转换为布尔型组
组	完全支持	
布尔运算组	部分支持	不导入"添加"以外的第一个合成操作
图层	部分支持	1. 画板可见性将被忽略 2. "部分锁定"将作为"完全锁定"处理
画板	部分支持	画板预设、画板网格和参考线将无法转移到 XD 文件

续表

功能	Adobe XD 是否支持	部分支持中支持或不支持的内容
文本	部分支持	不支持以下文本功能 ● 路径上的文本 ● 版式功能：字距微调、缩放、小写·大写字母、上标、下标、删除线 ● 段落样式：每个图层多个样式、段落前 / 后缩进和间距、对齐 ● 消除锯齿和语言选项 ● 垂直文本（将作为水平文本导入） ● 变形文字
智能对象	部分支持	所有智能对象都将被栅格化，并作为位图转移，经过不受支持的智能过滤器过滤的智能对象，将通过应用的过滤器进行栅格化
混合模式	不支持	
图层复合	不支持	
调整图层	不支持	
字符样式	不支持	

7.2　AI 文件的导入

Adobe XD 和 Illustrator 一样都是矢量软件，在操作和对图层的处理上有很多类似的地方，到本书截稿时，Adobe XD 还不能像打开 PSD 文件那样直接打开 AI 文件，所以只能以复制粘贴的方式和 Illustrator 进行衔接。

要将 AI 文件中的内容导入 Adobe XD 中，需要按照以下步骤进行操作。

01 在 Illustrator 中打开 AI 文件，然后选中需要复制的内容，按快捷键 command+C（macOS 系统）/Ctrl+C（Windows 系统）进行复制，如图 7-11 所示。

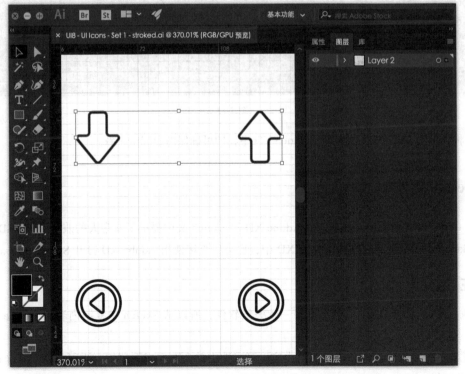

图 7-11

02 打开 Adobe XD，然后按快捷键 command+V（macOS 系统）/Ctrl+V（Windows 系统），即可以路径图层的形式将 AI 文件中的内容粘贴到 Adobe XD 中，如图 7-12 所示。

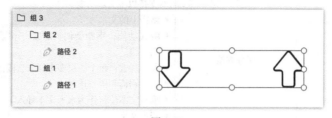

图 7-12

03 一般情况下，从 AI 文件中直接粘贴到 Adobe XD 中的内容应该和 AI 文件中保持一致。如果出现不一致的情况，可以使用 Illustrator 将 AI 文件导出为 SVG 文件，如图 7-13 所示。

图 7-13

此时，将导出的 SVG 文件直接拖入 Adobe XD 中，即可确保内容完全一致。

7.3 Sketch 文件的导入

Sketch 是读者非常熟悉的一款软件，Adobe XD 对 Sketch 文件提供了非常大的兼容。和 PSD 文件类似，既可以在 Sketch 中复制内容粘贴到 Adobe XD 中，也可以直接使用 Adobe XD 打开 Sketch 文件。

7.3.1 在 Sketch 中复制内容

因为 Sketch 和 Adobe XD 一样，也是一款矢量软件，所以从 Sketch 中复制内容到 Adobe XD 中非常容易。

01 打开 Sketch 文件，选中需要复制的内容，可以选中单个图层或图层组，也可以选中多个图层或图层组，然后按快捷键 command+C（macOS 系统）进行复制，如图 7-14 所示。

图 7-14

⑫ 在 Adobe XD 中，按快捷键 command+V（macOS 系统）即可把内容原位粘贴到 Adobe XD 中，并且保持原本的图层类型。在 Sketch 中复制的内容，很多图层在 Adobe XD 中会以蒙版图层的形式存在，需要不断展开图层列表才能找到原本的图层，如图 7-15 所示。

图 7-15

03 如果不希望图层以蒙版图层的方式粘贴到 Adobe XD 中，可以在 Sketch 中选中需要复制的图层，然后单击鼠标右键，在弹出的菜单中选择 Copy SVG Code（复制 SVG 代码）命令，如图 7-16 所示。

图 7-16

04 复制完成后，在 Adobe XD 中按快捷键 command+V（macOS 系统）粘贴，可以看到，粘贴后的内容以在 Sketch 中的图层结构为基准，以图层组的形式在 Adobe XD 中显示，但和 Sketch 中的图层类型保持了一致，如图 7-17 所示。

图 7-17

7.3.2 使用 Adobe XD 打开 Sketch 文件

选中需要打开的 Sketch 文件，可以将其直接拖曳到 Adobe XD 的画布上打开，也可以选择打开方式为 Adobe XD，还可以在 Adobe XD 中，按快捷键 command+O（macOS 系统），在弹出的对话框中选中需要打开的 Sketch 文件，如图 7-18 所示。

图 7-18

在 Adobe XD 中打开 Sketch 文件后，画板上会按照 Sketch 的画布进行分组，并和 Sketch 中的画板保持一致，如图 7-19 所示。如果只是需要把 Sketch 文件导入 Adobe XD 中进行原型制作，那么几乎可以不用做任何修改，就能直接切换到"原型"模式进行操作。

图 7-19

如果需要，也可以对图层里面的内容进行调整和修改，如图 7-20 所示。在 Adobe XD 中打开的 Sketch 文件，依然保留了在 Sketch 中的图层类型和结构。

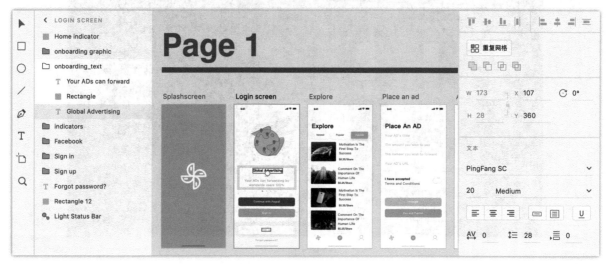

图 7-20

当对打开的 Sketch 文件进行存储时，也会创建一个后缀为 .xd 的文件，在 Adobe XD 中对该文件进行任何修改，都不会影响到原来的 Sketch 文件。

 提示　　　Adobe XD 只能打开 Sketch 43 版本或以上版本创建的文档，对于低于该版本的 Sketch 创建的 Sketch 文档，需要使用高版本的 Sketch 打开并保存后才能在 Adobe XD 中打开。

另外，并非所有的 Sketch 文件在 Adobe XD 中打开都能以 100% 的比例显示效果，表 7-2 是截至 2018 年 8 月 Adobe XD 打开 Sketch 文件时所支持与不支持的内容。

表 7-2　截至 2018 年 8 月 Adobe XD 打开 Sketch 文件时所支持与不支持的内容

功能	Adobe XD 是否支持	部分支持中支持或不支持的内容
形状和路径	部分支持	1. 导入时，不对称的点会变为对称点 2. 箭头经转移后，会变为没有箭头标记的直线
图像	部分支持	1. 部分支持"图像填充"功能。XD 通过导入图像和具有透明度的矩形来模拟此效果 2. 支持对图像进行调整（色相、饱和度、亮度、对比度） 3. 模糊 - 支持高斯模糊，但不支持缩放和动感模糊 4. 不支持内阴影
填充和阴影	部分支持	1. 不支持以下类型的填充： 　●杂色填充 　●多种填充（仅导入顶层填充） 2. 不支持以下阴影类型： 　●多个阴影 　●内阴影 　●组阴影 　●符号阴影 　●阴影外延
渐变	部分支持	角度渐变将作为径向渐变导入
不透明度	完全支持	
文档和全局色板	完全支持	
字符样式	完全支持	

功能	Adobe XD 是否支持	部分支持中支持或不支持的内容
蒙版	部分支持	不支持 Alpha 蒙版
组	完全支持	
布尔运算组	部分支持	1. None 布尔操作类型将会转移为不同的布尔型组 2. XD 无法正确表示这样的路径：使用剪刀工具，且根据 None 布尔操作裁剪的路径
图层	完全支持	
画板	完全支持	
页面	部分支持	在 XD 中打开含有多个页面或符号的素描文件时，XD 设计画布会在上述每个区域之间显示一个分隔符
文本	部分支持	不支持以下文本功能： ● 删除线 ● 双下划线 ● 行间距 ● 垂直对齐 ● 段落间距 ● 两端水平对齐 ● 基线调整（下标、上标） ● 文本填充 ● 字符间距
符号	部分支持	1. "符号大小覆盖"在转移时将作为脱离原始符号的组 2. 不支持大小调整限制，符号内的对象将按照相对于所有边缘都固定的对象来调整大小 3. 符号在 XD 画布上将显示为贴纸，它们也会显示在"资产"面板中
图库	部分支持	图库内容会导入 XD 文档中，但是无法在 CC Libraries 中使用这些图库
Sketch 原生线	完全支持	

7.4　其他资源的导入

除了 PSD、AI 和 Sketch 文件，Adobe XD 还支持 PNG、JPG、TIFF、GIF，以及 SVG 等格式的文件导入，对于这部分文件，可以直接拖入 Adobe XD 的画板中。

对于直接拖入 Adobe XD 中的图像文件，如果是拖入 Adobe XD 的画布或者画板上，则会以该文件的实际尺寸显示；如果是拖入 Adobe XD 画板中的某个形状图层上，则会自动根据该形状图层的尺寸调整大小，类似于图片填充效果，如图 7-21 所示。如果对自动填充的效果不满意，可以用鼠标左键双击该图层，调整图片的显示效果。

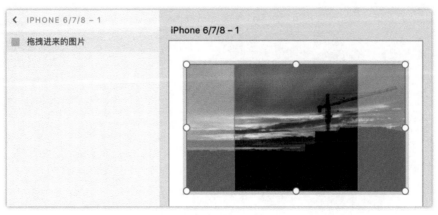

图 7-21

　　以上是对 Adobe XD 支持的外部资源导入方法的介绍。在实际工作中，如果不能确定某个文件在 Adobe XD 中能否打开，可以直接将该文件拖入 Adobe XD 的画布上进行尝试。即使不能打开，也没有多大损失，因此要勇于尝试，这是掌握一款软件的好方法。

第 3 部分

Adobe XD 和第三方应用的衔接

Xd　第 7 章　将外部资源导入 Adobe XD

Xd　第 8 章　Adobe XD 与蓝湖的衔接

Xd　第 9 章　用 ProtoPie 与 Adobe XD 衔接
　　　　　　制作交互动效

8.1　快速上手蓝湖

如果关注 Adobe XD 的官网，可以发现 Adobe XD 与很多的第三方应用进行了集成，如图 8-1 所示。这些第三方应用主要分为 4 类：网络硬盘类、标注和协作共享类、代码生成类，以及交互动效制作类。其中标注和协作共享类软件，以及交互动效制作类软件是日常工作中经常用到的。

图 8-1

虽然 Adobe XD 自身提供了非常便捷且完善的导出和共享功能，但是该功能对于免费账号有一定限制。目前市面上出现了一些非常优秀的，能帮助读者进行协作共享的工具，蓝湖便是其中的佼佼者。非常幸运的是，蓝湖已经开始支持 Adobe XD，接下来将详细介绍这款优秀的协作工具。

8.1.1　认识蓝湖

蓝湖是一款非常强大的团队协作共享工具，目前已经有很多知名团队在实际工作中使用该工具，它可以帮助设计师无缝连接产品、设计和研发流程，降低沟通成本，缩短开发周期，提高工作效率，更为重要的是，该产品是完全免费的。

蓝湖作为一款国内团队研发的产品，非常符合国内用户的使用习惯，在蓝湖的官网可以找到有关该产品的详细介绍。

建议各位读者前往官网详细了解该产品的功能，如图 8-2 所示。因为官网已经介绍得足够详细，因此在此不做重复介绍。

图 8-2

8.1.2　使用蓝湖前的准备工作

要使用蓝湖，首先需要拥有一个蓝湖账号，在蓝湖官网首页的右上角单击"注册"按钮即可免费注册蓝湖账号，如图 8-3 所示。

注册好账号后，即可登录到个人管理界面，如图 8-4 所示。在这个界面中，可以对项目和团队成员进行管理，这部分内容后面会讲到，在此不做展开。

图 8-3

图 8-4

注册完账号后，可以在"蓝湖"网站的页面底部单击"Adobe XD 插件"进入 Adobe XD 插件页面，如图 8-5 所示。单击"下载"按钮即可下载蓝湖的 Adobe XD 插件，该插件支持 macOS 系统和 Windows 系统。

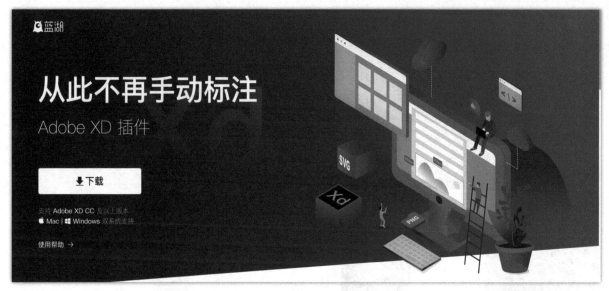

图 8-5

打开下载的文件并进行安装，以 macOS 系统为例，直接把蓝湖 XD 的图标拖入右侧的应用程序文件夹，即可完成安装，如图 8-6 所示。

完成安装后，在应用程序中找到"蓝湖 XD"并打开，如图 8-7 所示。输入刚才注册的账号和密码即可进行登录。

完成登录后，蓝湖的界面变为如图 8-8 所示的效果，这样便完成了使用前的准备工作。

图 8-6

图 8-7

图 8-8

8.1.3　上传画板到蓝湖

使用蓝湖时需要打开 Adobe XD，打开需要进行标注、切图或共享的文档，此时蓝湖的界面上会出现当前打开的 XD 文档的名称，然后选中 Adobe XD 的画板，蓝湖界面上会显示出当前选中画板的数量，如图 8-9 所示。

单击蓝湖界面下方的"上传到蓝湖"按钮，即可把画板上传到蓝湖，如图 8-10 所示。

注意，对于新注册的蓝湖账号，系统会自动创建一个"演示项目"，在该项目中，已经有一些内容，这些内容是关于新手教程的，如果直接把画板上传到这个项目中，在这个项目中就不仅可以看到刚才上传的画板，还有新手教程的内容，所以每当需要上传一个全新的产品设计稿或原型时，需要单击"创建项目"按钮，创建一个新的项目，如图 8-11 所示。

图 8-9

图 8-10

图 8-11

创建项目完成后再回到蓝湖 XD 桌面端的界面，单击上方的项目名称，即可展示账号下的项目列表。选择需要上传的项目名称，即可将指定的画板上传到该项目中，如图 8-12 所示。

再回到 Adobe XD，选中需要上传的画板，然后在蓝湖 XD 桌面端的界面上单击"上传到蓝湖"按钮，即可将画板上传到刚才新建的项目中，上传完成后如图 8-13 所示。单击"浏览项目"按钮，即可在网页中查看到刚才上传的画板。

除了通过上述方式上传外，还可以直接在 Adobe XD 中进行上传。对于 macOS 版的 Adobe XD，执行"文件 > 导出 > 蓝湖"菜单命令即可，如图 8-14 所示；对于 Windows 版的 Adobe XD，执行"导出 > 蓝湖"菜单命令即可，如图 8-15 所示。

图 8-12

图 8-13

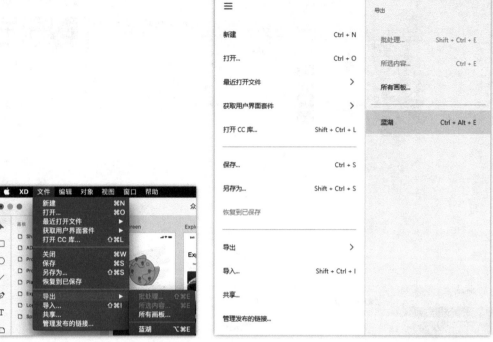

图 8-14　　　　　　　　　　　　　　　　　　　　　图 8-15

8.1.4　蓝湖的基础使用

将画板上传到蓝湖，并通过蓝湖的官网登录后即可到达个人中心，如图 8-16 所示。由于篇幅限制，并且蓝湖官方教程做得比较详细，因此本书仅介绍核心的使用方法，读者可以自行尝试里面的每个功能。

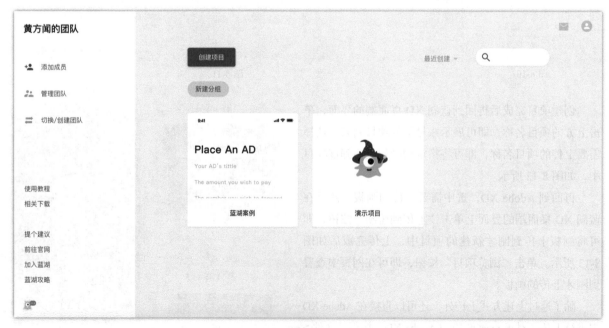

图 8-16

这个界面以项目为单位，当把鼠标光标悬停在任意项目上时，卡片的右上角会出现菜单选项，可以对该项目进行设置或删除，如图 8-17 所示。

单击"设置"选项，可以跳转到图 8-18 所示的界面，在这个界面中，可以对项目的名称、封面、成员进行管理。单击左上角的图标可以返回项目列表。

图 8-17

图 8-18

对项目进行单击，即可进入该项目，如图 8-19 所示。第 1 次进入界面，官方会弹出各种新手引导，读者可以根据引导快速掌握实用技巧。

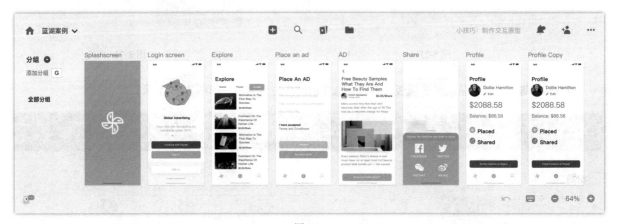

图 8-19

单击画板即可拖出一个箭头，再单击需要链接的画板，即可用箭头把两个画板链接起来，如图 8-20 所示，能让同事更好地理解界面之间的跳转逻辑。

图 8-20

单击右上角的邀请成员图标 👤 即可生成一个链接，直接把该链接发给同事，同事便能通过该链接访问到该项目并自动成为该项目成员，如图 8-21 所示。

按快捷键 T，即可在鼠标单击的位置添加文字标注，如图 8-22 所示。

图 8-21   图 8-22

按住快捷键 G，然后依次单击画板，可以将选中的画板进行编组，如图 8-23 所示。

图 8-23

按住键盘上的空格键，可以移动画板。

以上是关于画板层级的基本操作，接下来讲解关于设计元素的操作。用鼠标左键双击任意画板，即可进入该画板的设计规范中，如图 8-24 所示。单击任意元素，即可显示该元素的尺寸和具体的属性参数。

单击右侧属性面板顶部的下拉框，可以切换单位和倍数，如图 8-25 所示。

在左侧的工具栏中，可以查看该界面的历史版本、标注、创建标注、隐藏标注、下载切图、创建原型，以及分享。由于篇幅限制，在此不做展开，读者可以自行尝试。

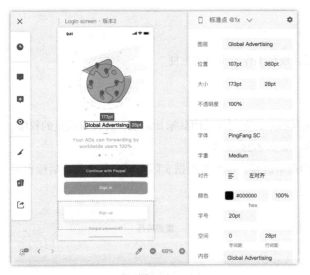

图 8-24　　　　　　　　　　　　　　　　　　图 8-25

8.1.5　切图

在 UI 设计中，程序员在进行编程的时候往往需要设计师对一些图标和位图进行切图，有了蓝湖后，这一切都变得非常容易。

首先，在 Adobe XD 中选中需要切图的图层或图层组，然后在图层列表中单击"批量导出标记"图标，将该图层或图层组变为批量导出状态，如图 8-26 所示。

将画板再次上传，然后在蓝湖 Web 端进入该画板，接着单击"下载该页全部切图"按钮，即可批量下载所有标注的图层或图层组，如图 8-27 所示。

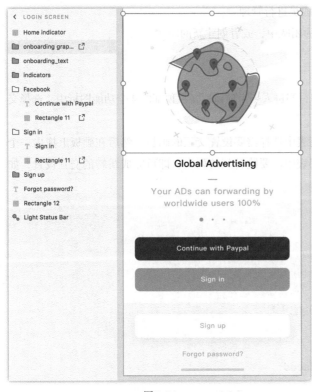
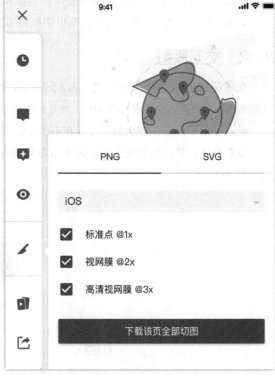

图 8-26　　　　　　　　　　　　　　　　　　图 8-27

8.2　蓝湖的其他实用功能

除了上面所讲的内容，蓝湖还有很多其他的功能能让设计工作变得更加方便。

8.2.1　团队管理

在蓝湖中一个账号可以加入多个团队，团队之间相互独立，还可以给团队添加成员，并设置成员的权限。在项目列表页的左侧，可以看到与团队管理相关的内容，如图 8-28 所示。

单击"添加成员"选项，可以生成不同权限成员的邀请链接，读者可根据实际需要进行选择，后续也可以对已有成员的权限进行变更，如图 8-29 所示。

图 8-28

图 8-29

单击"管理团队"选项，可以变更团队名称和对成员进行管理。

单击"切换 / 创建团队"选项，即可切换到不同的团队中，或者创建新的团队。

8.2.2　交互原型

在蓝湖中也可以制作交互原型，和 Adobe XD 类似，当进入一个项目后，在顶部的 4 个功能图标中，选择交互原型图标即可进入交互原型的制作，如图 8-30 所示。

进入交互原型制作界面后，可以在右侧的画板列表中选择需要设置交互的画板，然后在画板上拖出一个矩形设置热区，热区绘制完成后，再单击右侧画板列表中需要跳转到的列表，即可完成跳转的交互设置，如图 8-31 所示。

图 8-30

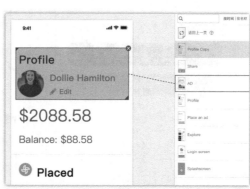

图 8-31

在交互原型设计的界面上，左侧有 3 个主要功能图标：第 1 个为主屏幕设置图标 ✿，单击该图标后，可以把当前画板设置为主屏幕，和 Adobe XD 的主屏幕设置功能类似；第 2 个图标为编辑上一页功能图标 ↻，单击该图标后可以跳转到上一个画板；第 3 个图标为演示功能图标 ◑，单击该图标后可以进入预览界面，如图 8-32 所示。

单击左侧的设备类型图标 ▢ 可以切换预览的设备，单击旋转图标 ◌ 可以切换设备的横竖屏状态。

虽然蓝湖的交互原型功能目前还比较简单，但是已经够用了，完全可以使用该功能向团队成员清楚地演示界面之间的跳转逻辑。相信随着蓝湖版本的不断迭代，交互原型的功能也会不断增强。

图 8-32

8.2.3　在移动设备上预览

蓝湖同样支持在 iOS 和安卓设备上直接预览设计稿和交互原型，可以通过访问其网站找到对应 App 的下载地址，或者直接在应用商店中搜索"蓝湖"即可找到，如图 8-33 所示。

下载完成后，使用蓝湖账号进行登录，即可对账号下所有的内容进行管理和操作，包括设计图的查看、原型的预览、快捷地分享，以及对设计图进行点评。由于 App 的使用十分简单，并且蓝湖也做了非常详细的新手指导，因此在此不做展开，读者可以下载该 App 深入体验。

图 8-33

8.2.4　项目文档

单击项目文档图标 ▤，即可打开项目文档界面，如图 8-34 所示。

单击右上角的"+添加"按钮可以添加文档或链接，如图 8-35 所示。可以把和该项目相关的文档或链接都上传到蓝湖中，方便一站式管理和共享。需要注意的是，蓝湖目前仅支持 Axure 压缩包（.zip）、Word、Excel、Power-Point 以及 PDF 这几种文档的上传。

图 8-34

图 8-35

　　到这里，相信读者对蓝湖已经足够了解并且能熟练使用了。对于一款团队协作工具，需要整个团队都使用该协同工具才能发挥出该工具的最大效用，蓝湖也准备了有关"向团队介绍蓝湖"的专题页来帮助读者向团队成员介绍蓝湖。

第 3 部分

Adobe XD 和第三方应用的衔接

Xd 第 7 章　将外部资源导入 Adobe XD

Xd 第 8 章　Adobe XD 与蓝湖的衔接

Xd 第 9 章　用 ProtoPie 与 Adobe XD
　　　　　衔接制作交互动效

虽然 Adobe XD 可以直接制作可交互原型，但实现的效果却十分有限。当需要制作更精美的交互动效时，Adobe XD 可以与很多第三方软件进行无缝衔接，ProtoPie 便是其中一款非常优秀且适合设计师们使用的动效软件。本章将详细介绍这款软件的基础用法，并与 Adobe XD 衔接制作几款常见的交互动效。

9.1　ProtoPie 的基础入门

9.1.1　了解 ProtoPie

ProtoPie 是一款非常专业的高保真交互原型设计软件，使用该软件能制作出任何交互动效，无须任何代码，并且能快捷地将效果分享出去。ProtoPie 凭借直观的用户界面荣获 2017 年红点奖，目前有很多公司的设计团队已经开始使用该软件进行高保真原型设计。

相对于 After Effect，ProtoPie 不仅入门容易，还能大量简化设计步骤，提升效率。更重要的是，After Effect 输出的是一段视频，而 ProtoPie 输出的是可交互原型。

目前，ProtoPie 已经进入中国市场，官方网站和软件界面都已经全部中文化，读者可以访问该软件的官方网站进行更加全面的了解并下载安装，如图 9-1 所示。

图 9-1

ProtoPie 是一款收费软件，目前的定价为一年 99 美元，官方提供了免费的试用版供读者试用，试用之后再决定是否购买。试用版的有效期为 10 天，功能和付费版完全相同。

ProtoPie 具有以下几大特点。

第 1 点，对于设计师而言，ProtoPie 非常容易上手，无论是软件的界面布局还是使用逻辑都往设计思维靠拢，图 9-2 所示是该软件在实际工作中的界面。

图 9-2

第 2 点，使用 ProtoPie 可以设置常见的交互行为，甚至可以调取硬件中的传感器，如陀螺仪、麦克风、罗盘、3D Touch 等，从而设计出更高保真的原型，图 9-3 所示是 PotoPie 添加触发条件的交互行为选择面板。

图 9-3

第 3 点，ProtoPie 不仅可以制作单个移动设备内的交互，还可以制作设备间的交互原型，这在制作如 IM 聊天、收发红包等交互原型时非常有用。例如，在设备 A 上执行交互效果后，设备 B 上会响应设备 A 的交互并予以反馈，如图 9-4 所示。

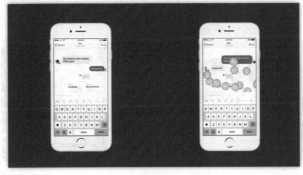

图 9-4

　　第 4 点，ProtoPie 可以直接将原型上传到云端，并生成一个链接，方便共享给团队的其他成员，并且还能对历史版本进行逐一管理，极大地提升了团队之间的沟通效率。对于付费用户，ProtoPie 提供了高达 10GB 的存储空间，能够满足绝大部分团队的需求。图 9-5 所示是 ProtoPie 的云端管理界面，可以在这里管理上传的全部原型。

图 9-5

　　除了上述的特征外，ProtoPie 还有非常多的惊喜等待读者发现，相信各位在使用的过程中，对该软件一定会有眼前一亮的感觉。

9.1.2　ProtoPie 的官网

　　ProtoPie 的官方网站上提供了非常详细的软件教程供读者查阅与学习，同时，网站也提供了非常多的优秀实例供读者参考与练习。因此本书就不再重复讲解，希望读者能好好利用官网的资源，以便于快速掌握该软件，同时也为后面的学习打下基础。

　　官网的资源包括教程、实例和资源 3 部分，图 9-6 所示为 ProtoPie 官网的视频教程。

图 9-6

在上方的导航栏中，默认进入的是视频教程，单击"基础教程"可以进入文档，后面的"表达式"则是进阶教程。表达式是 ProtoPie 最新增加的功能，该功能可以帮助设计师更精确且更高保真的制作原型，但要很好地理解表达式，需要各位有较强的逻辑思维能力，以及对 ProtoPie 有着非常深入的了解。"连接Player""导入""设备间交互"和"云端上传"都是相对比较简单的内容，在后面会进行介绍。

访问 ProtoPie 的官网并单击"范例展示"，可以看到使用 ProtoPie 制作的一系列实例，如图 9-7 所示。

图 9-7

单击任意一个实例，可以跳转至该实例的演示界面，如图 9-8 所示。单击左侧的 Download 按钮，可以下载该实例的 ProtoPie 源文件。建议读者下载所有实例并使用 ProtoPie 模拟制作，通过这样的练习，相信各位读者都能成为使用 ProtoPie 的高手。

图 9-8

在 ProtoPie 的官网单击"拓展资料",可以进入 ProtoPie 官方的资源板块,该板块目前包括 3 种资源:"视频教程""相关文章"和"社区交流",读者在这里可以看到一整套非常完整的视频教程,也能看到行业内与 ProtoPie 相关的文章,以及一些可以交流的社区,如图 9-9 所示。尤其是视频教程部分,是对官方教程非常好的补充,强烈建议读者前往观看。

图 9-9

如果各位读者在直接访问官网查看教程后还有一些疑惑,那么接下来讲到的内容,将帮助大家解决这些疑问,并真正进入 ProtoPie 的世界。相信学完本章内容后再去看官方的教程,就不会再存在任何问题了。

9.1.3 ProtoPie 的安装与购买

ProtoPie 支持 Windows 系统和 macOS 系统,Windows 系统又分成 32 位和 64 位两个版本。单击官网首页的"下载免费试用版"按钮,通常情况下会自动判断当前的系统并匹配下载适合的版本,如图 9-10 所示。如果需要下载其他版本,可以单击该页面上对应的版本。

图 9-10

用鼠标左键双击 ProtoPie 的安装文件即可进行安装，安装完成后单击该软件的图标即可打开 ProtoPie，初次打开可以看到图 9-11 所示的界面，读者可以在这个界面上输入 ProtoPie 的账号和密码进行登录。如果没有注册，可以单击左下方的"注册获取 10 天试用"进行注册。

图 9-11

登录后即可开始试用，并且在试用期间可以直接将原型上传到云端。如果需要购买 ProtoPie，则可以在首页单击"价格"跳转到购买页面，如图 9-12 所示。

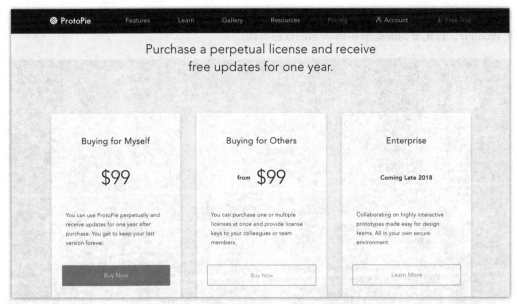

图 9-12

在购买页面上，第 1 个选项是给自己购买，第 2 个选项是给他人购买，如果需要一次购买多个，则选择第 2 个选项即可。

购买完成后，会在邮箱中收到序列号，打开官网并登录，然后进入个人中心的 License 界面，输入该序列号即可激活，如图 9-13 所示。

一个账号可以在两台设备上登录使用，后续如果需要删除设备，也可以在该界面上对设备进行管理。

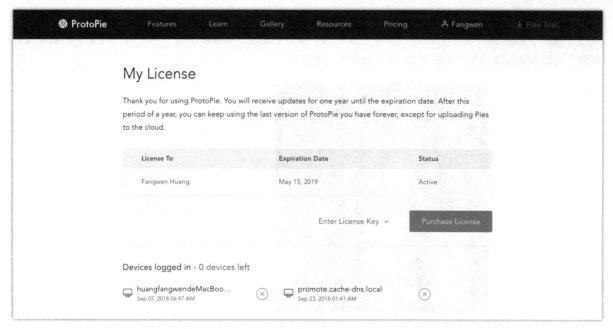

图 9-13

9.1.4　ProtoPie 的界面

1. ProtoPie 的欢迎界面

打开 ProtoPie，首先看到的是图 9-14 所示的欢迎界面。

图 9-14

在这个界面中，可以快速进入 ProtoPie 的实例教程，单击左侧的图标即可打开对应的源文件，方便大家快速理解 ProtoPie 的用法；右侧是最近使用过的文档列表，也可以在这里新建和打开 ProtoPie 文件。

在最近使用过的文档列表左侧的上方，可以看到一个齿轮图标■，单击该图标可以进入"偏好设置"界面，如图 9-15 所示，可以在"预设置"中设置新建 ProtoPie 文档的默认画布大小。

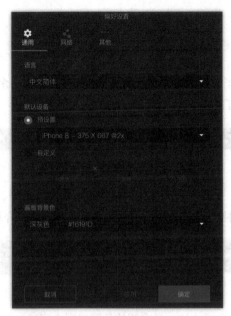

图 9-15

2. ProtoPie 的工作界面

单击欢迎界面中的"新建 Pie 文件"按钮，即可新建一个 ProtoPie 文档并进入其工作界面，如图 9-16 所示。

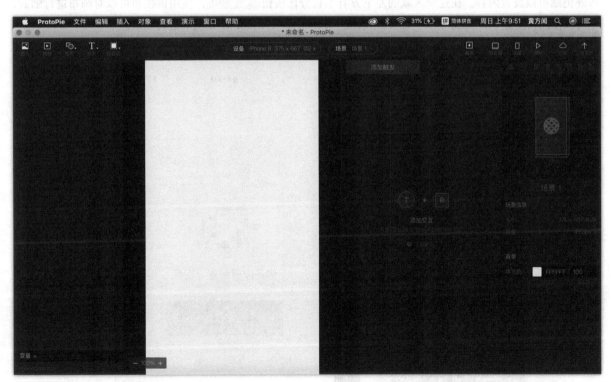

图 9-16

顶部菜单栏中的内容基本上都会在下方的工作区中涉及，所以菜单部分可以先跳过，直接来看界面本身。

左上方是 ProtoPie 的导入和新建图层工具，如图 9-17 所示。从左到右，可以分别导入图片、导入视频、插入图形、插入文本和创建容器层。其中插入图形可以插入矩形和圆形，快捷键分别为 R 和 V。可以把容器层理解为一个组，对图层进行编组，在涉及滚屏和滑页等交互效果时会用到。

图 9-17

中间可以设置画布的大小和场景，如图 9-18 所示。ProtoPie 并不支持多画布，但是在一个文档中可以创建多个场景，单击对应的按钮即可进行设置。

图 9-18

右上方是 ProtoPie 的功能区，如图 9-19 所示，可以执行添加触发手势、打开预览窗、连接移动设备、演示原型、获取云端链接和上传文件到云端的功能。这些功能在后面会进行介绍。

图 9-19

ProtoPie 把工作区域从左到右分成 4 块，最左侧的是图层列表区域，如图 9-20 所示。在这里可以看到当前文档上所有的图层，单击下方的变量可以打开变量列表，最下方则是当前登录账号的信息。

接下来是画布区域，如图 9-21 所示。可以看到，虽然 ProtoPie 在一个场景下只支持一个画布，但是在画布外仍然可以设置内容。在这个区域的左下方有个百分比按钮 ─ 100% ＋，使用该按钮可以对画布进行缩放，也可以使用快捷键 command ＋ ＋/－（macOS 系统）/Ctrl ＋ ＋/－（Windows 系统）进行缩放。

图 9-20　　　　　　　　　　　　　　　　　　　图 9-21

第 3 块是交互动效的设置区域，如图 9-22 所示。在这里可以添加触发的交互行为，并关联所产生的影响，这一块内容在后面的实例中会介绍到。

最右侧的则是属性检查器，在这里可以设置画板、图层和交互效果的各种属性，如图 9-23 所示。该界面会随着选中的图层不同而有所不同。

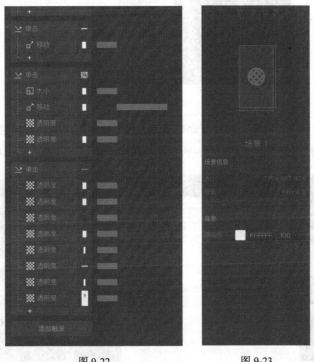

图 9-22   图 9-23

ProtoPie 的工作界面布局非常合理且人性化，在实际工作中，需要将所有的内容相互配合使用。了解了工作界面后，接下来看看 ProtoPie 的工作逻辑。

9.1.5 ProtoPie 的工作逻辑

在谈到交互原型时，实际上需要解决的问题就是说清楚用户作用于哪个对象、采用什么样的交互行为，以及产生了什么样的反应。图 9-24 所示是 ProtoPie 官网给出的交互公式，而 ProtoPie 的工作逻辑也在于此。

在使用 ProtoPie 制作原型时，设计师的工作逻辑是，先从图层列表中选中用户需要单击的图层内容，然后再在交互动效的设置区域中添加交互行为，并联合右侧的属性检查器来设置其产生的反应，这里的反应包括该图层本身以及受影响的其他图层。

在图 9-25 中，假设需要创建一个交互，当用户单击绿色矩形时，矩形往右移动，同时下方的蓝色圆形往左移动，接下来看看在 ProtoPie 中如何实现这个效果。

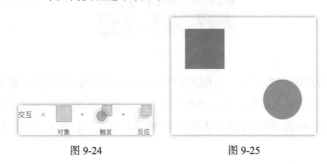

图 9-24   图 9-25

01 选择用户需要作用的对象。在图层列表中选中矩形图层（或者直接在画布中单击矩形将其选中），如图 9-26 所示。

图 9-26

02 添加用户需要执行的交互行为。在交互动效的设置区域面板上单击"添加触发"按钮，然后选择对应的交互行为，因为假设的是用户单击绿色矩形，所以这里选择"单击"手势即可，如图 9-27 所示。

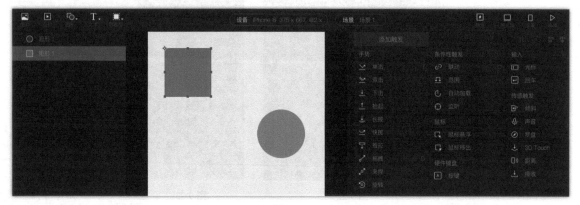

图 9-27

03 设置该行为所产生的反应。这个案例中有两个反应：一是绿色矩形向右移动，二是蓝色圆形向左移动。也就是说，它们的位置属性发生了变化。所以，在交互动效的设置区域面板上找到刚才添加的"单击"行为，下方会有一个加号，单击加号添加反应内容，因为是位置发生变化，所以选择"移动"，快捷键为 M，如图 9-28 所示。

图 9-28

此时，在"单击"下方出现"移动"，且右侧的属性检查器变为移动属性的设置选项，如图 9-29 所示。

可以直接在右侧的 x、y 中输入矩形需要移动到的位置，当前矩形的位置和锚点可以在属性检查器的左上方看到，因为希望矩形向右移动，所以保持 y 轴不变，x 轴向右变化，如由 36 变为 234，就要在 x 中输入 234，在 y 中输入 34。

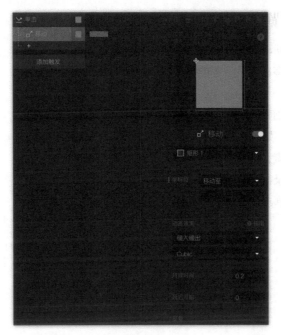

图 9-29

注意，在交互动效设置面板中，"移动"右侧有个灰色的矩形，该矩形表示该效果执行的时间以及持续的时间，默认为从 0 秒开始，持续 0.2 秒，可以拖动矩形改变开始时间和持续时间。

当绿色矩形设置完成后，再选中蓝色圆形，然后单击交互动效设置面板中"移动"下方的加号，再次添加一个移动效果，如图 9-30 所示。同样，将圆形的 x 和 y 的位置属性分别设置为 36，160。

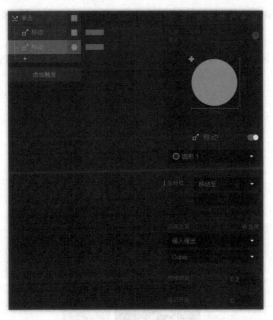

图 9-30

到这里，相信读者已经能理解 ProtoPie 的工作逻辑了，任何复杂的动效都是由这些简单的效果叠加而成的。在进行动效设计时，一定要保持清醒的头脑，将图层之间的关系了然于胸。

这时读者再去看官网的教程，相信很容易就能理解里面的内容了。建议读者逐一练习官网的实例，加深对该软件的理解，相信很快就能熟练掌握该软件。

9.1.6 ProtoPie 的预览和视频录制

在使用 ProtoPie 进行交互动效设计时，最好能实时预览效果，一个完美的动效往往是根据实际效果多次尝试后才能得出，一边做一边预览效果是一个很好的习惯。

ProtoPie 提供了非常好的预览工具，单击顶部右侧的"预览窗"按钮 ▣即可打开 ProtoPie 的预览器，如图 9-31 所示。

在预览器窗口中单击元素，然后查看交互效果，在下方左侧可以设置交互动效的速度，单击中间的录制按钮 ▣ 00:00 即可录制交互过程，最长可录制 5 分钟。当录制完成时再次单击该按钮，即可弹出对话框，将录制的内容保存为 MP4 格式。

图 9-31

9.1.7 移动设备预览原型

和 Adobe XD 相似，ProtoPie 也提供了移动端的 App，通过 App 不仅可以预览原型，还能把原型离线保存下来，方便随时演示使用。

以 iOS 系统为例，要使用该 App 只需到 iOS 或者安卓的应用商店搜索 ProtoPie 即可找到，如图 9-32 所示。

图 9-32

下载完成后打开 App，可以看到 App 和桌面版可以通过 3 种方式连接：扫描二维码、输入 IP 地址或者通过 USB 数据线连接，如图 9-33 所示。

移动设备和计算机在同一 Wi-Fi 环境中时，单击桌面软件右上角的设备按钮 ▦ 即可看到图 9-34 所示的界面，此时用移动 App 扫描或者输入 IP 地址，即可进行连接。

连接上后即可预览当前 ProtoPie 中的原型，如果在移动设备上使用双指双击屏幕，即可弹出图 9-35 所示的对话框，可以退出原型或者单击"储存"按钮将该原型保存到本地，这时在 App 的"离线文件"中即可看到。

图 9-33

图 9-34

图 9-35

9.1.8 原型上传和云端共享

当完成原型设计后，ProtoPie 和 Adobe XD 类似，提供了可以上传至云端的功能，方便将原型上传后以链接的方式进行共享。要上传原型，只需要保存 ProtoPie 文档后，单击右上角的上传文件按钮 ▦ 即可，如图 9-36 所示。当上传完成后，该按钮图标会变成一个勾，并且会出现一个链接地址，团队成员可通过该地址体验该原型。

如果不确定该文档是否上传，或者关闭了刚才的链接，单击右上角的云端按钮 ▦ 即可看到，如图 9-37 所示。对于云端存在的原型，会直接显示该原型的访问地址和二维码。

图 9-36

图 9-37

到这里，有关 ProtoPie 的使用就已经介绍得差不多了，需要再次强调的是，ProtoPie 也是一款更新相对较频繁的软件，平时多关注官网是十分有必要的。另外要说的是，任何动效软件其实都非常简单，但是要做好动效，唯一的办法就是不断地练习。

9.2　ProtoPie 和 Adobe XD 的衔接

ProtoPie 可以一键导入 Adobe XD 的图层，并且当导入的 Adobe XD 图层变动后，使用"再导入"功能可以在 ProtoPie 中同步更新这些变动。

要导入 Adobe XD 文件，首先需要确保导入的 Adobe XD 文档是打开状态，然后进入 ProtoPie 中执行"文件 > 导入 >Adobe XD CC"菜单命令，如图 9-38 所示。

图 9-38

此时，ProtoPie 会读取当前打开的 Adobe XD 文档信息，弹出图 9-39 所示的对话框，可以选择导入的画板以及导入的尺寸，尺寸一般选择 @2x 即可。如果是 iPhone Xs 等超高分辨率的机型，则需选择 @3x。

图 9-39

"导入图层"中默认为"所有图层"，当选择"仅批量导入选中图层"时，则只会导入在 Adobe XD 中标记了导出的图层。

而"再导入选项"是指，当导入过该画板，然后该画板的内容在 Adobe XD 中有了变化后，需要再次导入的情况，根据实际需要进行勾选即可。

设置无误后，单击"导入"按钮，即可导入 Adobe XD 的画板，如图 9-40 所示。画板的图层均被导入进来，并且保持了之前的层级关系。需要注意的是，Adobe XD 中的文本图层被导入 ProtoPie 后，均被转换成了图像图层。

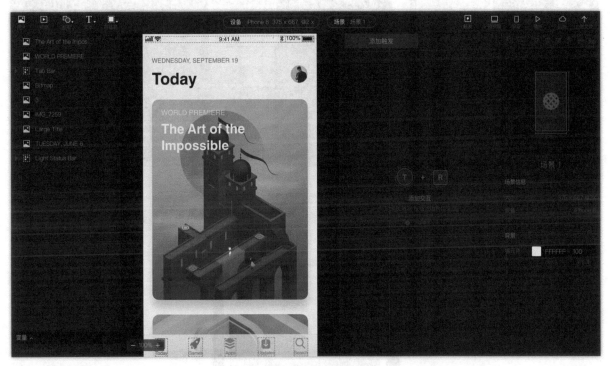

图 9-40

如果要修改内容，需要在 Adobe XD 中完成修改后，再回到 ProtoPie 中执行导入命令。

因为 ProtoPie 在一个场景下只支持一个画板，所以如果需要导入多个画板，则可以创建多个场景，然后一一导入即可。

9.3   几种常见交互动效的制作

了解了 ProtoPie 以及知道如何一键导入 Adobe XD 文档后，接下来使用 ProtoPie 制作几种常见的动效。因为一个交互动效好不好，需要放到真实环境中去检验，所以这里更多的是向读者传达这些常见动效背后的思维逻辑，并不涉及真实案例。

9.3.1   滑屏交互动效制作

滑屏效果是最常见的一种交互动效，在 ProtoPie 中可以很容易制作出这种动效。

01 新建一个 ProtoPie 文档，在画布中插入超过画布高度的内容，为了方便说明，这里在画布上插入多个矩形，如图 9-41 所示。

02 选中所有的矩形，按快捷键 command+G（macOS 系统）/Ctrl+G（Windows 系统）对其进行编组，编组后的图层进入一个容器层中，然后选中该容器层，并在右侧的属性检查器中将"滚页滑页"属性设置为"滚页"，如图 9-42 所示。

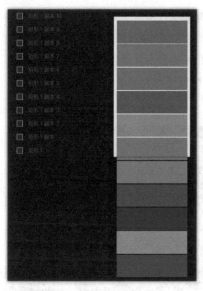

图 9-41

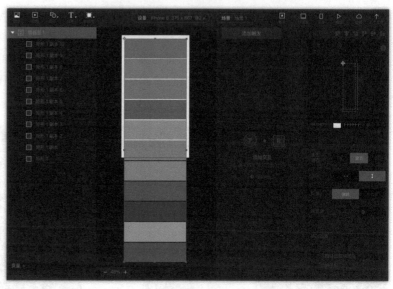

图 9-42

03 此时画布上的容器层四周有可以调节的蓝色框，把容器层底部的蓝色框调整到和画板底边重合，这是最关键的一步，如图 9-43 所示。这样滑屏效果就制作完成了。

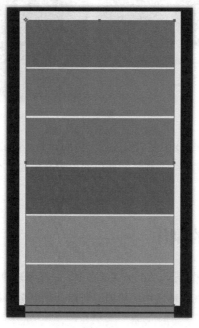

图 9-43

这个例子的关键是最后一步调整边框，可以把这个边框理解为滑动内容可以到达的地方，读者也可以试着调整这个边框的位置，感受边框位置不同，滑动内容显示的就会不同。

9.3.2 翻页交互动效制作

和滑屏效果对应的另一种常见效果是翻页的效果，和滑屏效果不同的是，翻页效果一般通过手指轻扫就可以滑过一整页，这种效果在滚动 banner 以及新 App 新手引导页中非常常见，在 ProtoPie 中实现这种效果同样非常简单。

01 新建一个 ProtoPie 文档，然后在画板中插入 3 个大小相同的矩形，如图 9-44 所示。

图 9-44

02 选中所有的矩形，按快捷键 command+G（macOS 系统）/Ctrl+G（Windows 系统）对其进行编组，然后选中容器层，并在右侧的属性检查器中将"滚页滑页"属性设置为"滑页"，如图 9-45 所示。

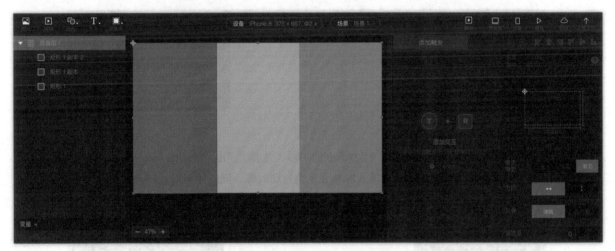

图 9-45

03 将容器层的蓝色边框调整至和画板右边距重合，便完成了翻页效果的设置，如图 9-46 所示。

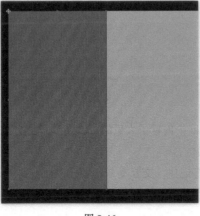

图 9-46

　　滑屏和翻页设计背后的逻辑几乎相同，ProtoPie 中有大量的逻辑相似的操作，希望读者在日常工作中也能找出背后的相似性。

9.3.3 文字输入交互动效制作

ProtoPie 可以真实地模拟文字输入效果，具体的操作步骤如下。

01 新建一个 ProtoPie 文档，并插入一个矩形，然后单击左上角的插入"文本"按钮 ，接着选择"输入"文本类型，将其插入画板上，并移动至矩形上方合适的位置，如图 9-47 所示。

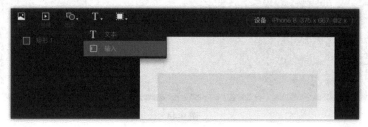

图 9-47

02 选中矩形图层，然后在交互动效设置面板中单击"添加触发"，并选择"单击"行为，如图 9-48 所示。

图 9-48

03 选中输入图层，然后单击"单击"行为下方的加号，选择"光标"，如图 9-49 所示。当在预览器中单击矩形时，会发现键盘从底部弹出，然后输入区域光标会自动闪烁，同时还可以直接输入内容。

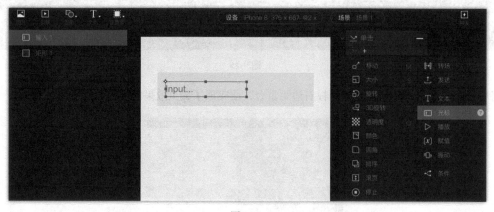

图 9-49

通过这个例子可以看到，ProtoPie 中内置了大量的可以模拟真实交互的功能，建议读者多去尝试并研究官网的教程和案例，相信会发现更多的惊喜。

在进行动效设计的时候，请始终记住，交互动效不等于动画，并非越华丽越好，交互动效的作用只有 3 个：第 1 个是延缓用户等待的感觉，提升用户体验；第 2 个是提供可视化的用户引导，给用户合理的预期；第 3 个是情感化设计。

资源与支持

本书由"数艺设"出品，"数艺设"社区平台（www.shuyishe.com）为您提供后续服务。

配套资源

书中知识讲解用到的源文件
PPT教学课件
在线教学视频

资源获取请扫码

"数艺设"社区平台， 为艺术设计从业者提供专业的教育产品。

与我们联系

我们的联系邮箱是szys@ptpress.com.cn。如果您对本书有任何疑问或建议，请您发邮件给我们，并请在邮件标题中注明本书书名及ISBN，以便我们更高效地做出反馈。

如果您有兴趣出版图书、录制教学课程，或者参与技术审校等工作，可以发邮件给我们；有意出版图书的作者也可以到"数艺设"社区平台在线投稿（直接访问 www.shuyishe.com 即可）。如果学校、培训机构或企业想批量购买本书或"数艺设"出版的其他图书，也可以发邮件联系我们。

如果您在网上发现针对"数艺设"出品图书的各种形式的盗版行为，包括对图书全部或部分内容的非授权传播，请您将怀疑有侵权行为的链接通过邮件发给我们。您的这一举动是对作者权益的保护，也是我们持续为您提供有价值的内容的动力之源。

关于"数艺设"

人民邮电出版社有限公司旗下品牌"数艺设"，专注于专业艺术设计类图书出版，为艺术设计从业者提供专业的图书、U书、课程等教育产品。出版领域涉及平面、三维、影视、摄影与后期等数字艺术门类，字体设计、品牌设计、色彩设计等设计理论与应用门类，UI设计、电商设计、新媒体设计、游戏设计、交互设计、原型设计等互联网设计门类，环艺设计手绘、插画设计手绘、工业设计手绘等设计手绘门类。更多服务请访问"数艺设"社区平台www.shuyishe.com。我们将提供及时、准确、专业的学习服务。